KB216384

Semiconductor Package & Test

AI 시대에 대응하는

반도체 패키지와 테스트

Recommendations

현대 사회는 AI의 기술 발전으로 인해 혁신에 가까운 변화를 겪고 있다. AI 발전을 위해서는 반도체의 동반 성장, 즉 시스템 반도체의 컴퓨팅 성능 개선과 메모리 반도체의 대역폭(Bandwidth) 증가가 필수적이다. 지금까지 위 두 요소는 회로 미세화를 통한 집적도 증가 방식, 즉 무어의 법칙이 일반적이었다. '무어의 법칙'은 1960년 이후 반도체 발전의 핵심으로 전자 회로 집적도가 2년에 두 배씩 증가한다는 것이 골자다. 그러나 최근 이 법칙은 노광 공정 문제와 회로가 미세화될수록 누설 전류와 발열이 심해지는 등의 여러 이유로 물리적 한계에 직면했다. 그러나 집적도 증가의 개념을 반도체 소자에서 패키지로 확대한다면 무어의 법칙은 그 생명을 이어갈 것으로 보인다. 즉, 기존 평면의 반도체 패키지 개념을 3차원(2.5D & 3D) 적층으로 전환하면 패키지 내에서 회로 특성(집적도)이 두 배 이상 늘어날 수 있다.

'이종 집적(Heterogeneous Integration)' 패키징 기술에 대한 관심과 중요도기 늘어난 것도 이 때문이다. 2.5D 또는 3D 적층을 실현할 대표 기술이 바로 이종 집적이다. 이러한 첨단 패키징 기술은 대만 TSMC가 최초 적용하여 기존 패키지 조립 업체는 물론 반도체 팹 공정을 하는 업체로 확대되고 있다.

전통적 패키징 기술은 대표적인 노동 집약적 산업이었다. 칩 설계, 팹 기술과 더불어 반도체 3대 핵심 공정임에도 가격과 품질 외 확실한 가치를 고객에게 제공할 수 없었다. 그러나 첨단 패키징 기술은 새로운 가치를 창출하고 능동적으로 대응하여 고객에게 차별화를 제공해야 하는 기술 집약적 산업이다. 전례 없던 기회와 성장을 제공할 것으

로 기대되지만, 이 또한 기존 체계로는 대응이 어렵다. 시스템, 개발 프로세스, 사고 방식 등 모든 영역에서 변화와 새로운 준비가 필요하다.

반도체 패키징 기술은 모든 공학 분야의 융합 기술이다. 패키지 개발의 시발점인 설계 부분은 전자 및 전기 공학의 전문 지식이, 각종 패키지 공정 개발을 위해서는 재료, 금속, 화학 공학의 이해가 필요하며, 발열 및 패키지 휨 문제 해결을 위해서는 기계공학 전문성이 필요하다. 한 분야의 전공만 공부하는 한국의 대학 교육으로는 패키징 기술을 전체적으로 이해하기가 쉽지 않은 현실이다. 그렇기 때문에 한 분야의 박사라고 하더라도 회사에 들어와서 패키징 관련 기본 교육을 다시 배워야 하는 것이 현실이다.

이번에 서민석 박사의 기술적 통찰력과 현장 경험이 총망라된 저서 《AI 시대에 대응하는 반도체 패키지와 테스트》는 반도체 패키징과 관련된 모든 것을 설명하여 반도체 패키징을 처음 공부하는 초보자는 물론 반도체 패키징 분야에서 더 깊이 있는 지식을 원하는 전문가에 이르기까지 맞춤형 자료를 제공하고 있다. 또한 이론 외에도 실무 응용 가능성 또한 고려하여 실제 산업 현장에서 마주할 수 있는 문제들을 이해하기 쉽게 설명해 놓았다. 부디 이 책이 반도체 패키징을 이해하고 발전시키려 하는 독자들에게 시작점이 되기를 기대한다.

2024. 10.

한국 마이크로 전자 및 패키징 학회 회장 강사윤

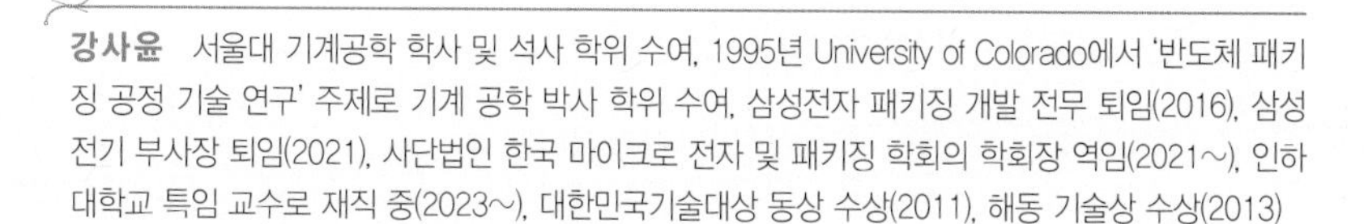

강사윤 서울대 기계공학 학사 및 석사 학위 수여, 1995년 University of Colorado에서 '반도체 패키징 공정 기술 연구' 주제로 기계 공학 박사 학위 수여, 삼성전자 패키징 개발 전무 퇴임(2016), 삼성전기 부사장 퇴임(2021), 사단법인 한국 마이크로 전자 및 패키징 학회의 학회장 역임(2021~), 인하대학교 특임 교수로 재직 중(2023~), 대한민국기술대상 동상 수상(2011), 해동 기술상 수상(2013)

Preface

반도체가 출현한 이후 수많은 전자 기기와 개인용 컴퓨터, 서버 컴퓨터가 생기면서 데이터의 사용량은 계속 증가해 왔다. 그러한 증가량에 대응하기 위해 반도체는 고속화되고 집적화되어 왔는데, 이것은 반도체 칩의 패턴을 미세화하는 스케일 다운 기술이 있어 가능했다. 하지만 이제는 챗 GPT 등의 인공 지능 활용이 커지면서 데이터의 사용량은 기하급수적으로 증가하여 단순히 칩의 기술만으로는 대응이 어려워졌다. 이제는 적층, 이종 접합, 시스템 인 패키지 등 다양한 반도체 패키지 기술이 이러한 업계의 요구를 만족시켜주고 있다. 점차 반도체 패키지 기술의 중요성이 강조되면서 산업의 규모와 기술의 난이도도 커지게 되었고, 많은 사람의 관심도 증가하였다.

2020년 《반도체 부가가치를 올리는 패키지와 테스트》라는 책을 저술할 때도 반도체 후공정, 즉 패키지와 테스트 기술에 대한 관심이 컸지만, 지금은 그때보다 더하다. 그래서 반도체 패키지와 테스트 기술의 핵심적인 기술을 재정리하고, 특히 새로운 기술 트렌드인 HBM과 칩렛 기술, 시스템 인 패키지 등을 더 자세히 설명하는 새로운 책의 필요성을 느껴 이 책을 다시 만들게 되었다.

이 책에 담긴 지식들은 필자가 25년 정도 몸담았던 SK하이닉스의 동료와 선후배들, 그리고 KMEPS(The Korean Microelectronics and Packaging Society, 한국 마이크로 전자 및 패키징 학회)의 많은 도움을 받아서 얻어진 지식들이다. 도움을 주신 많은 분들께 다시 한 번 감사의 마음을 전한다.

앞으로 기회가 되면 필자는 반도체 패키지 공정, 특히 TSV를 이용한 적층 패키지 공정 등을 자세히 설명하는 책을 준비하려 한다. 또한 웨이퍼 레벨 패키지 기술 등을 적용하여 동종의 칩뿐만 아니라 이종 칩의 적층이 필요하게 되고 서로 다른 회사에서 만든 칩들도 적층해야 하는 상황에서, 공정 중에 진행하는 측정(Metrology)과 검사(Inspection)가 최종 패키지 수율에 큰 영향을 미치고 있어서 패키지 공정을 위한 측정과 검사 기술에 대한 책도 준비할 계획이다.

반도체 패키지와 테스트에 대한 이러한 지식들이 업계에 널리 알려져서 사용되길 바라며, 아울러 반도체를 배우는 학생들이 반도체 패키지와 테스트를 배우는 데 도움을 받아 반도체 패키지와 테스트 업계의 기반을 더욱 다지고 성장해 가는 데 기여할 수 있기를 기원한다.

2024. 10.
서민석 올림

Contents

Chapter

04 컨벤셔널 패키지 공정 · 81

Chapter

05 웨이퍼 레벨 패키지 공정 · 101

Chapter 06 반도체 패키지 재료 · 141

Chapter 07 반도체 테스트 · 173

Chapter 08 반도체 패키지 신뢰성 · 189

Chapter 01

반도체 패키지의 정의와 역할

1 반도체 후공정

반도체 제품을 만들기 위해서는 먼저 원하는 기능을 할 수 있도록 칩(chip)을 설계해야 한다. 여기서 칩은 다이(die)라고도 표현하는데, 반도체 제품의 성능이 구현된 가장 작은 단위의 제품을 의미한다. 이렇게 설계된 칩은 웨이퍼(wafer) 형태로 제작해야 한다. 웨이퍼는 칩이 반복 배열되어 있어서 공정이 다 진행된 웨이퍼를 보면 격자 모양을 볼 수 있다. 격자 하나가 바로 한 개의 칩이다. 칩의 크기가 크면 한 웨이퍼에서 만들어지는 칩의 개수가 적어진다. 반대로 칩의 크기가 작으면 개수가 많아진다.

반도체가 만들어지는 과정은 반도체 설계에서부터 시작된다. 하지만 반도체 설계는 제조를 위한 공정이라 할 수 없다. 반도체 제품의 제조 공정을 간략히 설명하자면 웨이퍼 공정, 패키지 공정 그리고 테스트 순이다. 이 때문에 반도체 제조의 프론트 엔드(Front End) 공정, 즉 전 공정이라고 하면 웨이퍼 제조 공정을, 백 엔드(Back End) 공정, 즉 후공정이라 하면 패키지와 테스트 공정을 의미한다. 최근에는 후공정을 포스트 팹(Post Fab) 공정이라 표현하기도 한다. 웨이퍼 제조 공정 내에서도 프론트 엔드, 백 엔드를 구분하는데, 웨이퍼 제조 공정 내에서 프론트 엔드는 보통 CMOS를 만드는 공정을, 백 엔드는 CMOS를

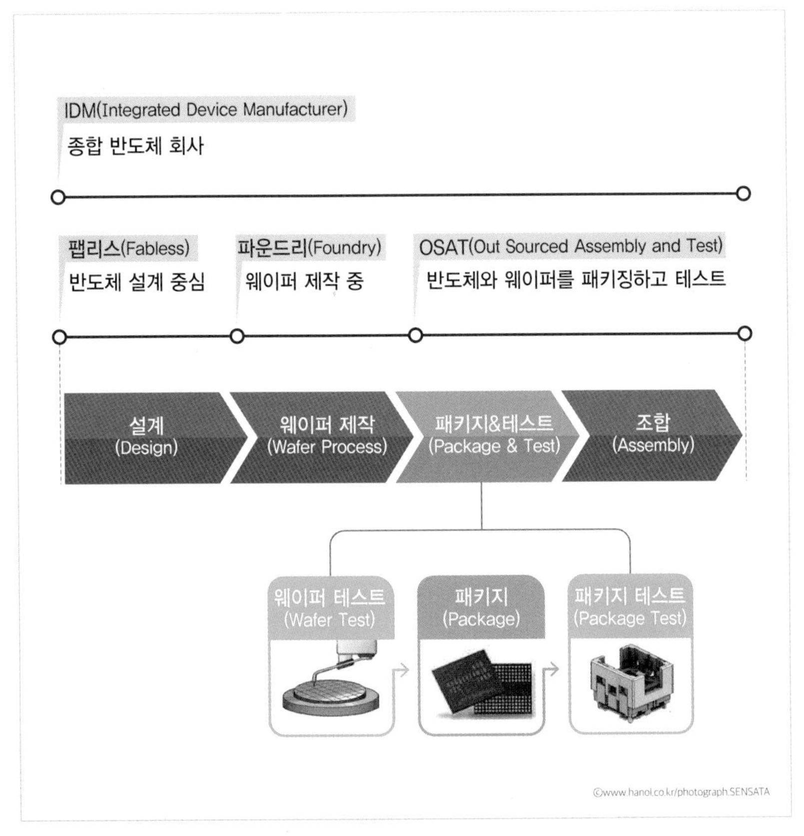

그림 1-1_ 반도체 제조 과정과 반도체 업종의 연관

만든 후에 진행되는 금속 배선 형성 공정을 의미한다.

그림 〈1-1〉은 이러한 반도체 제조 과정과 반도체 업종을 연관 지어 본 모식도이다. 반도체 설계만 하는 업체는 팹리스(Fabless)라고 부른다. 대표적인 팹리스는 퀄컴(Qualcomm), 애플(Apple) 같은 기업이다. 팹 리스에서 설계된 제품은 웨이퍼로 제작되는데, 이 웨이퍼 제작 전문 업체는 파운드리(Foundry)라고 부른다. 대만의 TSMC가 대표적이며 국내 기업으로는 동부 하이텍 등이 있다. 팹리스에서 설계하고, 파운드 리에서 웨이퍼로 만든 제품을 패키지하고 테스트하는 업체도 필요하 다. 이를 OSAT(Out Sourced Assembly and Test)라고 부른다. 대표적인 업체는 ASE, 앰코(Amkor) 같은 회사다. 설계부터 웨이퍼 제작, 패키지 와 테스트를 모두 진행하는 업체도 있다. IDM(Integrated Device Manfufacturer), 종합 반도체 회사라고 하며 우리 나라의 삼성, SK하이닉스, 미국의 인텔이 대표적인 회사이다.

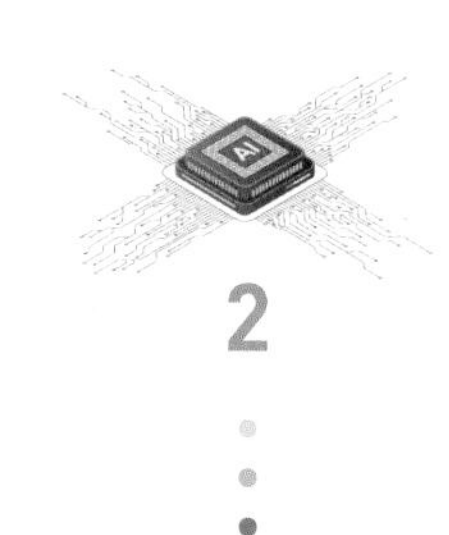

2

반도체 패키지의 정의

전자 패키징 기술은 모든 전자 제품의 하드웨어 구조물과 관련된 기술로서, 하드웨어 구조물은 반도체와 같은 능동 소자[1]와 저항, 커패시터(Capacitor)[2]와 같은 수동 소자[3]로 구성된다. 이렇듯 전자 패키징 기술은 매우 폭넓은 기술이며, 0차 레벨 패키지부터 3차 레벨 패키지까지의 체계로 구분할 수 있다. 〈그림 1-2〉은 실리콘 웨이퍼에서 단일 칩을 잘라내고 이를 단품화하여 모듈(Module)을 만들고, 모듈을 카드 또는 보드(Board)에 장착하여 시스템을 만드는 전체 과정을 모식도로 표현한 것이다. 이러한 과정 전체를 일반적으로 패키지 또는 조립(Assembly)이라고 광의적인 의미로 표현한다. 그리고 웨이퍼에서 칩을 잘라내는 것을 0차 레벨 패키지, 칩을 단품화하는 것을 1차 레벨 패키지, 단품을 모듈 또는 카드에 실장하는 것을 2차 레벨 패키지라 표현한다. 그리고 단품과 모듈이 실장된 카드를 시스템 보드에 장착하는

1 **능동 소자** : 반도체에서 메모리 반도체, 로직 반도체와 같이 그 회로가 구현되어 역할을 하는 소자

2 **커패시터(Capacitor)** : 전자를 저장하여 결과적으로 전기 용량을 갖게 하는 소자

3 **수동 소자** : 전자 소자 가운데, 증폭이나 전기 에너지의 변환과 같은 능동적 기능을 갖지 않은 소자

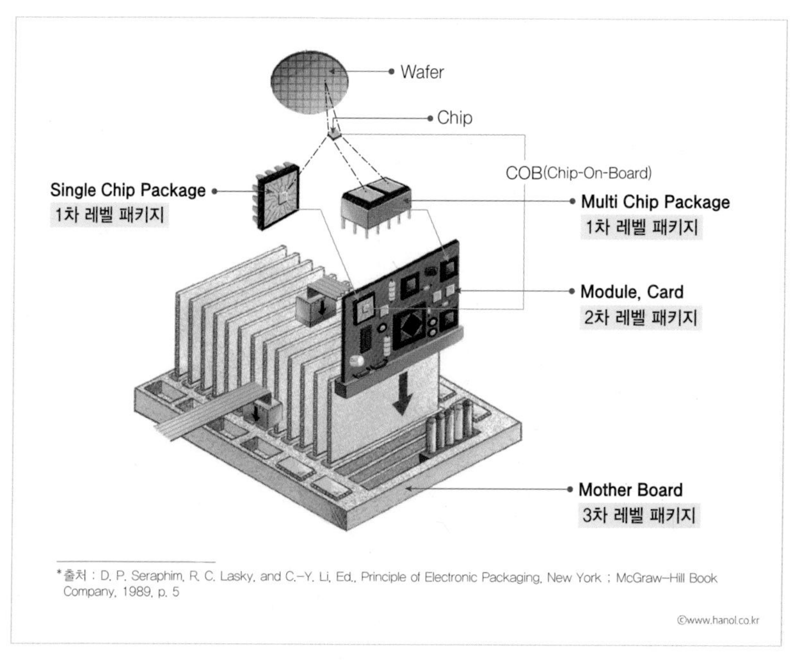

그림 1-2_ 반도체 조립의 과정

것을 3차 레벨 패키지라고, 패키지의 체계를 분류한다. 하지만 반도체 업계에서 일반적으로 의미하는 반도체 패키지는 이 전체 과정 중에서 웨이퍼에서 칩을 잘라내고 단품화하는 공정, 즉 1차 레벨 패키지를 의미한다.

〈그림 1-3〉에서처럼 외부와 전기적/기계적 접속을 위해 솔더[4]볼(solder ball)이나 리드(lead)[5]가 핀(pin)이 되어 있는 모양이 요즘 가장 일반적인 반도체 패키지 형태이다.

4 **솔더(Solder)** : 낮은 온도에서 녹을 수 있으므로 전기/기계적 접합을 동시에 할 수 있게 하는 금속

5 **리드(Lead)** : 전자 회로 또는 전자 부품의 단자에서 나오는 선으로 전자 부품을 회로 기판에 연결하기 위해 사용

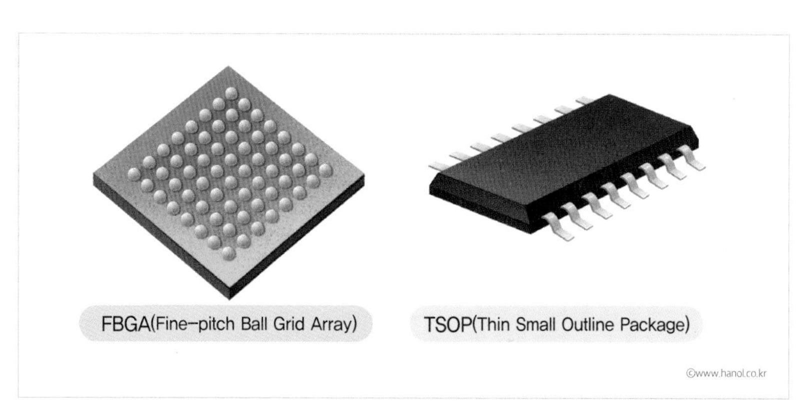

그림 1-3_ 반도체 패키지의 예

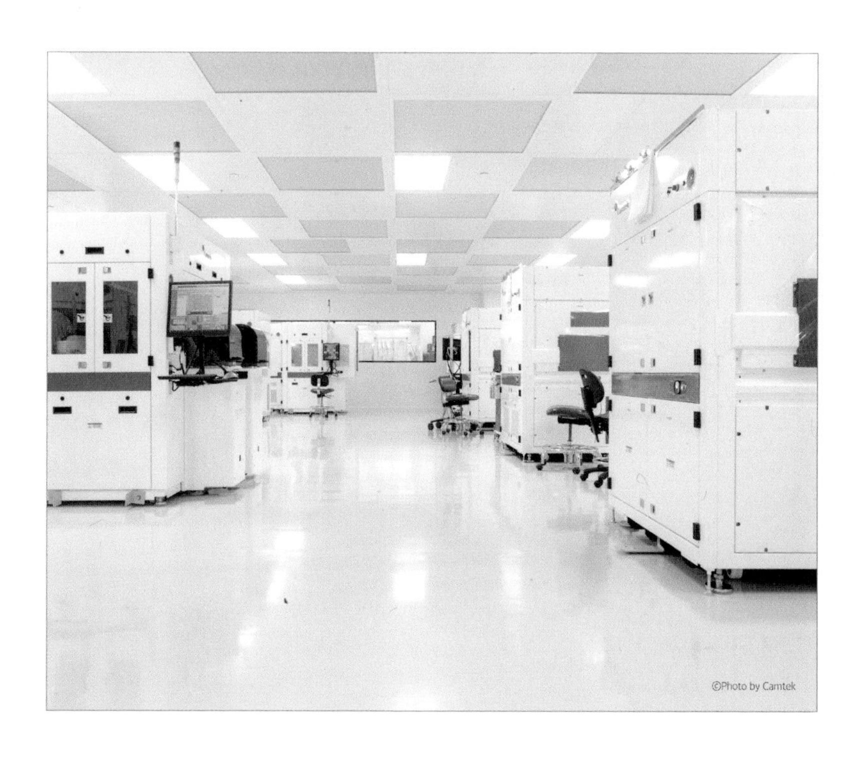

3 반도체 패키지의 역할

〈그림 1-4〉는 반도체 패키지의 역할을 모식도로 표현한 것으로 반도체 패키지는 기계적 보호(Protection), 전기적 연결(Electrical Connection), 기계적 연결(Mechanical Connection), 열 방출(Heat Dissipation) 등의 4가지 주요한 역할을 한다.

패키지의 사전적 의미는 포장이다. 우리는 왜 물건을 포장할까? 여러 가지 이유가 있겠지만, 가장 큰 이유는 내용물을 보호하기 위해서다. 반도체 패키지의 가장 큰 역할 또한 내용물을 보호하는 것이다. 여기서 내용물은 바로 반도체 칩/소자이며, 〈그림 1-4〉의 가운데 하얀 부분이다. 반도체 패키지는 반도체 칩/소자를 EMC(Epoxy Mold Compound)와 같은 패키지 재료로 감싸 외부의 기계적 및 화학적 충격으로부터 보호하는 역할을 한다. 반도체 칩은 수백 단계의 웨이퍼 공정으로 메모리·로직 등의 기능을 할 수 있게 만들어졌지만, 기본적인 재료는 실리콘이다. 실리콘은 우리가 알고 있는 유리 조각처럼 쉽게 깨질

6 **열전도도** : 물질 이동 수반 없이 고온부에서 이것과 접하고 있는 저온부로 열이 전달되는 현상을 표현하는 척도

7 **Gbps** : Giga bit per second의 약자로 초당 이동하는 기가 비트 정보량을 의미

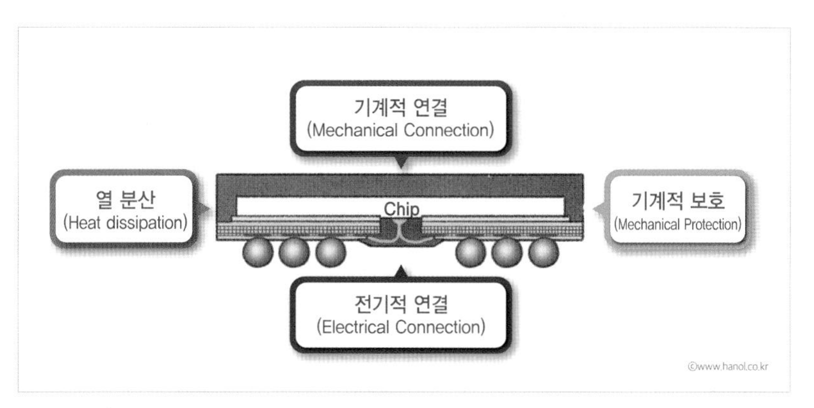

그림 1-4_ 반도체 패키지의 역할

수 있다. 또한 웨이퍼 공정으로 형성된 구조체들은 기계적, 화학적 충격에도 취약하다. 그러므로 패키지 재료로 그 칩들을 보호해야 하는 것이다.

그리고 패키지는 물리적/전기적으로 칩을 시스템에 연결하는 역할을 한다. 전기적으로는 칩과 시스템을 연결해 칩에 전원을 공급하고, 원하는 기능을 할 수 있도록 신호를 입력하거나 출력할 수 있는 통로를 만들어야 한다. 또한 기계적으로는 칩이 사용되는 동안 시스템에 잘 부착되어 있도록 연결해야 한다. 동시에 칩/소자에서 발생하는 열을 빠르게 발산시켜 주어야 한다. 반도체 제품이 동작한다는 것은 전류가 흐른다는 것이고, 전류가 흐르면 필연적으로 저항이 생기며 그에 따른 열이 생긴다. 그런데 〈그림 1-4〉과 같이, 반도체 패키지 구조물들은 칩을 완전히 둘러싸고 있다. 이때 반도체 패키지가 열을 잘 발산하지 못하면 칩이 과열되고 내부 트랜지스터의 온도가 동작 가능 온도 이상으로 올라 결국 트랜지스터의 동작이 멈추는 상황이 생길 수도 있다. 그러므로 반도체 패키지는 효과적으로 열을 발산해주는 역할이 필수다. 반도체 제품의 속도가 빨라지고 기능이 많아짐에 따라 패키지의 냉각 역할의 중요성은 점점 더 커지고 있다.

4 반도체 패키지의 개발 트렌드

아래의 〈그림 1-5〉는 반도체 패키지 기술의 개발 트렌드를 7가지로 정리한 것이다.

반도체 패키지는 그 역할을 잘할 수 있도록 기술이 발전해왔다. 열 방출의 역할을 잘하기 위해서 열전도도[6]가 좋은 재료를 개발했고, 반도체 패키지 구조도 열 방출을 잘할 수 있게 설계 및 제작되어 왔다.

고속 전기 신호 전달(High Speed) 특성을 만족시킬 수 있는 반도체 패키지 기술 개발도 중요한 트렌드다. 만약 20Gbps[7] 속도까지 나올 수 있는 칩/소자를 개발했는데, 그것에 적용되는 반도체 패키지 기술이 2Gbps 속도만을 대응할 수 있다고 하면 결국 시스템에서 인지하는 반도체 제품의 속도는 20Gbps가 아닌 2Gbps이다. 칩이 아무리 속도가 빠르다고 해도 시스템으로 나가는 전기적 연결 통로는 패키지에서 만들어지기 때문에 반도체 제품의 속도는 패키지에 큰 영향을 받는다. 그러므로 칩의 속도가 빨라졌다면 그에 대응하는 반도체 패키지도 빠른 속도가 구현되는 기술로 개발되어야 하는 것이다. 이러한 경향은 최근 인공 지능 및 5G 무선 통신 기술에서 더욱 도드라진다. 플립 칩(flip chip) 패키지 기술, 실리콘 관통 전극(TSV)을 이용한 패키지 기술 등이 모두 고속 특성을 위해 개발된 패키지 기술이다.

3차원 반도체 적층(stacking) 기술은 반도체 패키지 기술 개발에서 획기적으로 중요한 트렌드이다. 기존의 반도체 패키지는 하나의 칩만을 패키지하였지만, 이제는 한 패키지에 여러 개의 칩을 넣은 기술들이 개발되었다. 같은 칩을 여러 개 한 패키지에 넣으면 기능이 칩을 넣은 만큼 커지는 것이고, 다른 기능의 칩들을 한 패키지에 넣으면 한 패키지에서 여러 기능을 하는 반도체 제품이 만들어지는 것이다.

또 하나의 패키지 기술 개발 트렌드는 소형화이다. 반도체 제품들이 모바일뿐만 아니라 웨어러블(wearable)[용8]로까지 적용 범위가 넓어지면서 소형화는 고객의 중요한 요구 사항이다. 그러므로 이를 만족시키기 위해서 패키지 크기를 줄이는 기술 개발이 많이 이루어져 왔다.

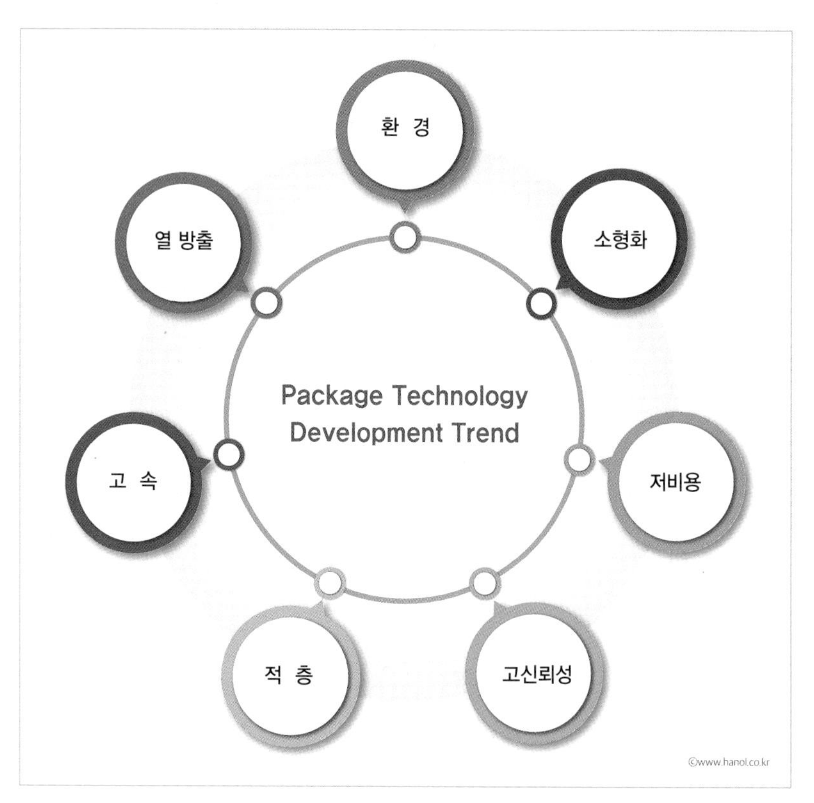

그림 1-5_ 반도체 패키지 기술 개발 트렌드

반도체 제품들은 점점 더 다양한 환경에서 사용되고 있다. 일상적인 환경에서뿐만 아니라 열대 우림, 극지방, 심해에서도 사용되고 있고, 우주에서도 사용된다. 패키지의 기본 역할이 칩/소자의 보호(protection)이므로 이런 다양한 환경에서도 반도체 제품이 정상 동작할 수 있도록 신뢰성(Reliability)이 높은 패키지 기술이 개발되어야 한다. 동시에 반도체 패키지는 곧 최종 제품이므로 원하는 기능을 잘 발휘하면서도 제조 비용까지 낮출 수 있는 기술 개발이 중요하다.

마지막으로 최근에 중요성이 크게 인식되고 있는 개발 트렌드가 ESG(Environment, Social, Governance) 같은 기업 가치 향상을 위한 기업 운영 전략의 하나인 환경 개선을 위한 개발이다. 이를 위해 반도체 패키지에서는 패키지 재료에서 환경에 유해한 물질들을 무해한 물질로 바꾸는 개발을 예전부터 해왔는데, 대표적인 것이 솔더 재료에서 납을 없앤 것이다. 또한 에너지 절감을 위한 개발도 해왔는데, 전기 특성을 향상시키기 위한 여러 기술 개발과 열 방출 효율을 높이는 기술 개발들이 에너지 사용량을 줄이는 데 기여했다.

8 **웨어러블(Wearable)** : 반도체 제품들을 옷처럼 몸에 착용하고 사용하게 되는 적용 범위

5

반도체 패키지 개발 업무 과정과 직무

반도체 패키지 개발은 두 가지 경우가 있다. 첫 번째는 반도체 칩이 새로 개발되어 그것을 반도체 패키지로 만들어 평가를 통해 개발을 완료하는 것이고, 두 번째는 새로운 반도체 패키지 기술을 개발하기 위해 기존의 칩을 활용하여 새로운 패키지 기술을 검증/개발하는 것이다.

일반적으로 새로운 칩을 개발하면서 동시에 새로운 패키지 기술을 같이 적용하는 경우는 없다. 왜냐하면 칩도 새로운 기술이고 패키지도 검증되지 않은 기술이면 패키지 후 불량이 발생했을 때 원인을 찾는 것이 너무 어렵기 때문이다. 그래서 새로운 반도체 패키지 기술은 불량이 거의 없는 기존 양산 칩에 적용해서 패키지 기술만을 검증한다. 그리고 이렇게 검증된 패키지 기술을 새로운 칩을 개발할 때 적용하여 반도체 제품을 개발하는 것이다.

〈그림 1-6〉는 첫 번째 경우의 개발 과정을 표현했다. 어떤 반도체 제품이 개발될 때 칩 설계와 패키지 설계가 따로 진행되지 않는다. 반드시 칩과 패키지가 결합하여 전체적으로 특성이 최적화될 수 있도록 설계되어야 한다. 그 때문에 칩의 설계가 완료되기 전에 이 칩이 실제 패키지가 가능한지를 패키지 부서에 검토 요청한다. 가능성 검토를 할

때는 실제 패키지 설계를 개략적으로 진행해 보고, 전기/열/구조 해석을 통해서 실제 양산 시에 문제가 없는지도 검토한다. 여기서 반도체 패키지 설계는 칩이 기판에 실장되기 위한 매개체가 되는 서브스트레이트(substrate) 또는 리드프레임(Leadframe)의 배선[9] 설계를 의미한다.

패키지 부서에서는 패키지 가설계와 해석을 통한 검토 결과를 바탕으로 패키지 가능성에 대해서 칩 설계 담당자에게 피드백한다. 패키지가 가능하다고 가능성 검토가 완료되어야 비로소 칩 설계가 완료되고, 이어서 웨이퍼 제작을 하게 된다. 이렇게 웨이퍼가 제작되는 동안 패키지 부서에서는 패키지 제작에 필요한 서브스트레이트 또는 리드프레임을 설계하고, 제작 업체를 통해서 제작을 진행한다. 동시에 패키지 공정을 위한 툴(Tool) 등도 미리 준비하여 칩이 구현된 웨이퍼가 웨이퍼 테스트 후 패키지 부서에 인계되었을 때 바로 패키지 제작을 진행한다.

반도체 제품은 패키지로 제작되어야 실제적인 특성을 측정 및 확인할 수 있다. 설계가 잘 되었는지, 공정이 잘 진행되었는지 확인할 수 있으며 신뢰성 시험 등을 진행할 수 있다. 특성 및 신뢰성을 만족 못하는 경우에는 그 원인을 분석하여 원인을 해결할 수 있는 단계부터 앞의 과정을 다시 반복하고, 원하는 특성 및 신뢰성 기준을 만족해야 개발이 완료된다.

반도체 패키지의 직무군은 크게 3가지로 구분할 수 있다. 첫 번째가 반도체 패키지 제품 개발의 전체 과정을 관리하고, 유관 부서와의 소통 창구가 되며, 패키지 개발 과정이 전체 최적화가 되도록 만드는 반도체 패키지 제품 엔지니어 직무이다. 직무 이름은 PI(Process Integra-

9 **배선** : 한 소자 안에 만들어진 전기적 신호가 지나가는 통로

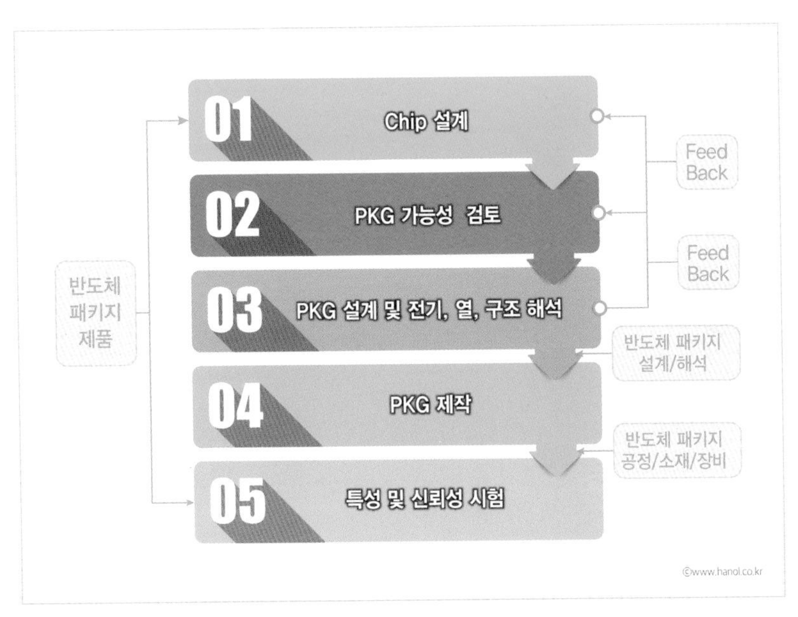

그림 1-6_ 반도체 패키지 개발 과정과 직무

tion) 엔지니어 등등 회사마다 다르게 불릴 수 있지만, 업무는 유사하다. 두 번째가 반도체 패키지를 설계하고, 설계를 위해 전기, 열, 구조 해석을 하는 직무이다. 세 번째는 반도체 패키지를 위한 공정, 소재, 장비를 개발하는 직무이다. 각 직무가 반도체 패키지 개발 과정의 어디에서 활동하는지를 〈그림 1-6〉에 함께 표현했다.

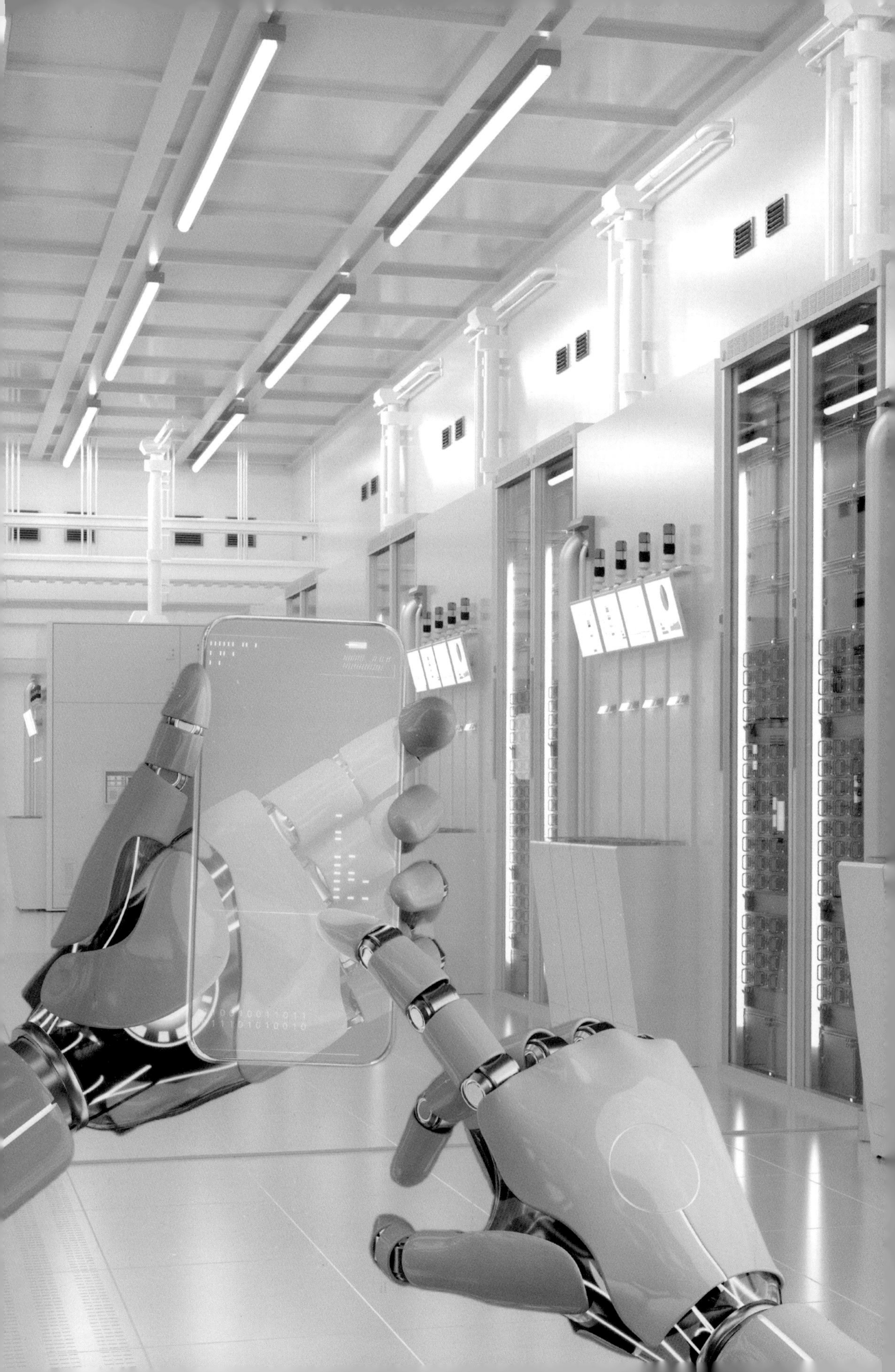

Chapter 02

반도체 패키지의 종류

1 반도체 패키지의 분류

반도체 패키지는 〈그림 2-1〉과 같이 분류할 수 있다. 먼저 크게 웨이퍼를 칩 단위로 잘라서 패키지 공정을 진행하는 컨벤셔널(Conventional) 패키지와 패키지 공정 일부 또는 전체를 웨이퍼 레벨로 진행하고 나중에 단품으로 자르는 웨이퍼 레벨(Wafer Level) 패키지로 분류한다.

컨벤셔널 패키지는 패키징하는 재료에 따라 세라믹(Ceramic) 패키지, 플라스틱(Plastic) 패키지로 구분할 수 있다. 플라스틱 패키지는 잘라진 칩을 부착해 전기적으로 연결하는데, 그 매개가 되는 기판 종류에 따라 다시 리드프레임(Leadframe)을 사용하는 리드프레임 타입 패키지, 서브스트레이트(Substrate)를 사용하는 서브스트레이트 타입 패키지로 분류할 수 있다.

웨이퍼 레벨 패키지는 칩 위에 외부와 전기적으로 연결되는 패드를 웨이퍼 레벨 공정을 통해서 재배열해주는 RDL(Re-Distribution Layer), 솔더 범프(solder bump)[1]를 웨이퍼에 형성시켜 패키지 공정을 진행하는 플립 칩(Flip Chip) 패키지, 서브스트레이트 등의 매개체 없이 웨이퍼 위에 배선과 솔더 볼을 형성시켜 패키지를 완성하는 WLCSP(Wafer Level Chip Scale Package), 실리콘 관통 전극(TSV, Through Si Via)을 통해서 적층된 칩의 내부 연결을 해주는 TSV 패키지 등으로 분류할 수

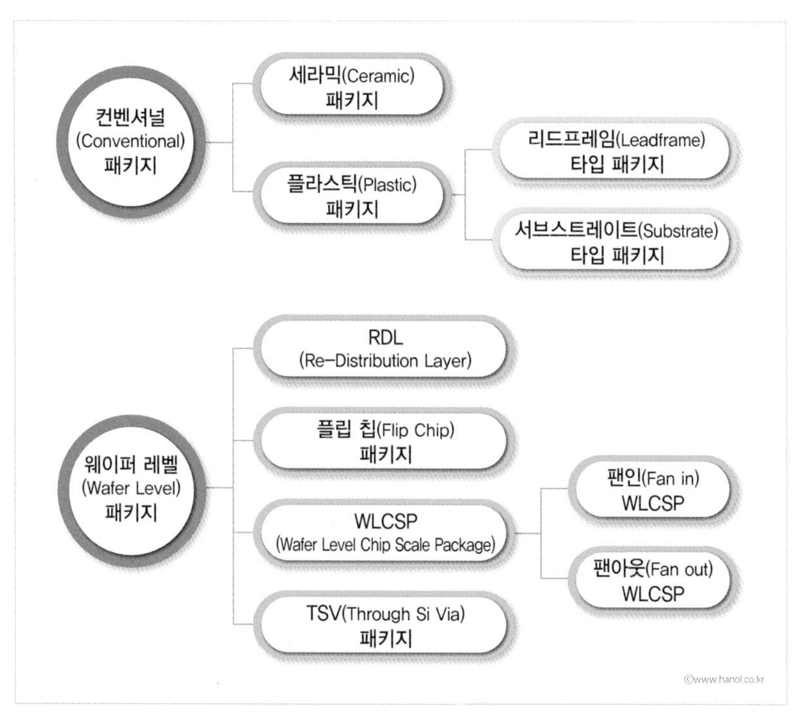

그림 2-1_ 반도체 패키지의 종류

있다. 그리고 WLCSP는 다시 웨이퍼 위에 바로 배선과 솔더 볼을 부착하는 팬인(Fan-in) WLCSP와 칩을 재배열하여 몰딩 웨이퍼로 만들어 칩 크기보다 큰 패키지에 웨이퍼 레벨 공정으로 배선을 형성하여 솔더 볼을 부착하는 팬아웃(Fan-out) WLCSP로 분류할 수 있다

1 **솔더 범프(Solder Bump)** : 칩을 기판에 플립 칩 본딩 방식으로 연결하거나 BGA, CSP등을 회로 기판에 직접 접속하기 위한 전도성 돌기

2 컨벤셔널 패키지

플라스틱 패키지 - 리드프레임(Leadframe) 타입 패키지

플라스틱 패키지는 칩을 둘러싸는 재료로 EMC[2] 같은 플라스틱 재료를 사용하는 패키지이며, 이 중에서 리드프레임 타입 패키지는 잘린 칩이 부착되는 기판으로 리드프레임을 이용한 패키지를 통칭한다. 이 패키지를 시스템 기판에 연결하는 핀(Pin)은 금속 리드(Lead)인데, 리드를 프레임으로 잡아준 형태라 리드프레임이라 부른다. 이 리드프레임은 얇은 금속판에 에칭 등의 방법으로 배선이 구현된 것이다.

〈표 2-1〉은 리드프레임 타입 패키지 중에서 표면 실장형 패키지의 여러 종류를 보여준다. 1970년대에는 리드를 PCB의 구멍에 삽입하는 관통홀(Through hole) 형태가 많이 사용되었다. 이후, 핀의 수가 많아지고 PCB의 디자인이 복잡해짐에 따라 삽입형 기술로는 한계가 생겨 지금은 사용하지 않으며, TSOP·QFP·SOJ같이 리드가 표면에 붙는 표면 실장형 형태가 개발되어 사용되고 있다. 로직 칩같이 I/O 핀이 많이 필요한 제품의 경우엔 QFP같이 옆 4면에서 리드가 형성되는 패키지가 적용되었다. 그리고 시스템 환경에서 실장된 패키지의 두께가 더 얇은 것을 요구함에 따라 TQFP, TSOP 같은 패키지도 개발되

표 2-1_ 리드프레임 타입 패키지의 종류

QFP/TQFP	TSOP	SOJ
• (**T**hin) **Q**ual **F**lat **P**KG : 4 side Lead Type	• (**T**hin) **S**mall **O**utline **P**KG : 2side, GULL-FORM Lead Surface Mounting Type	• **S**mall **O**utline **J**-leaded PKG : J-FORM Lead Surface Mounting Type
리드가 표면에 붙는 표면 실장형 형태		

©www.hanol.co.kr

었다. 그러나 반도체 제품에 고속 특성이 중요해지면서 패키지의 배선 설계를 다층으로 할 수 있는 서브스트레이트 타입 패키지가 주력 패키지 기술이 되었다. 하지만 아직도 TSOP 등의 리드프레임 타입 패키지도 많이 쓰이는데, 이유는 제조 비용이 저렴하기 때문이다. 리드프레임은 금속판에 스탬핑이나 에칭 등으로 배선 형태를 만들기 때문에 제조 과정이 상대적으로 복잡한 서브스트레이트보다 가격이 저렴하고, 리드프레임 타입 패키지 제조 비용도 낮을 수밖에 없다. 그러므로 고속의 전기적 특성이 요구되지 않는 반도체 제품은 아직도 제조 비용이 낮은 리드프레임 타입 패키지를 선호하고 있다.

플라스틱 패키지 - 서브스트레이트(Substrate) 타입 패키지

서브스트레이트 타입 패키지는 서브스트레이트를 매개체로 사용하는 패키지다. 서브스트레이트가 제조 시에 여러 층의 필름을 이용하여

2 EMC(Epoxy Mold Compound) : 경화제나 촉매의 존재하에서 3차원 경화가 가능한 비교적 분자량이 작은 수지로 기계적, 전기 절연 및 온도 저항 특성이 매우 우수한 열경화성 플라스틱

만들기도 하므로 라미네이트[주3] 타입(Laminated type) 패키지라고 부르기도 한다.

서브스트레이트 타입 패키지는 리드프레임 타입 패키지에 비해 다층의 배선을 구성하기 때문에 전기적 특성이 우수하고 패키지 크기도 더 작게 만들 수 있다. 리드프레임 타입 패키지는 리드프레임으로 배선을 만들기 때문에 배선의 금속층 수는 무조건 1층이다. 리드프레임이 금속판으로 만들어지기 때문에 절대 2개 이상의 금속층 수를 형성시킬 수 없는 것이다. 반면에 서브스트레이트는 제조 시에 원하는 만큼의 금속층 수를 만들 수 있어서 패키지 설계나 전기적 특성 만족을 위해 필요에 따라 각각 다른 금속층 수의 서브스트레이트를 제작하게 된다. 칩과 시스템을 연결하는 배선을 리드프레임과 서브스트레이트에 각각 구현해 주어야 하는데, 만약 배선이 서로 교차해야 하는 경우에 리드프레임은 금속층이 1층이라서 배선 설계상으로 해결할 수가 없지만, 서브스트레이트의 경우엔 한 배선은 다른 금속층으로 비껴가도록 설계할 수 있다.

리드프레임은 핀(Pin) 역할을 할 리드가 패키지에 형성될 때 옆면에서만 만들 수 있다. 반면에 서브스트레이트 타입 패키지는 〈표 2-2〉의 사진처럼 한 면에 핀 역할을 하는 솔더 볼을 배열해 많은 수의 핀을 형성할 수 있으므로 전기적 특성 또한 높일 수 있다. 그리고 리드프레임 타입 패키지는 칩이 몰딩[주4]된 본체 크기 외에도 리드가 옆에 나온 공간만큼 패키지 크기가 커지지만, 서브스트레이트 타입 패키지는 핀이 패키지 바닥에 있으므로 옆에 별도의 공간이 필요하지 않아서 칩이 몰딩된 본체 자체가 패키지 크기가 된다. 따라서 리드프레임 타입 패키지보다는 패키지 크기를 작게 만들 수 있다. 이러한 장점 때문에 지금은 대부분의 반도체 패키지가 서브스트레이트 타입이다.

서브스트레이트 타입의 패키지는 가장 일반적인 형태로 BGA(Ball Grid Array) 패키지가 주로 사용되나 최근에는 Ball을 사용하지 않고,

표 2-2_ BGA와 LGA의 비교

BGA/FBGA	LGA
• (**F**ine pitch) **B**all **G**rid **A**rray PKG : Solder Ball attached on PKG Substrate	• **L**and **G**rid **A**rray : No Solder Ball Land Array on Substrate
서브스트레이트 타입 패키지의 가장 일반적인 형태	최근에는 Ball Land 만을 갖는 형태도 사용되는 추세

Ball Land만을 갖는 LGA(Land Grid Array) 형태의 패키지(〈표 2-2〉 참조)도 사용되고 있다.

세라믹(Ceramic) 패키지

세라믹 패키지는 세라믹(Ceramic) 보디(Body)를 매개체로 사용하는 패키지로 열 방출 및 신뢰성 특성이 우수하다. 반면에 세라믹을 제조하는 공정이 비싸다 보니 전체적으로 제조 비용이 높다. 그래서 주로 고신뢰성이 요구되는 로직 반도체에 사용되고, CIS(CMOS Image Sensor)용 패키지에서는 검증용으로 사용된다.

3 **라미네이트(Laminate)** : 필름 같은 얇은 재료들이 넓게 붙여진 것

4 **몰딩(Molding)** : 와이어 본딩된 또는 플립 칩 본딩된 반도체 제품을 에폭시 몰딩 컴파운드로 밀봉시키는 공정

3

웨이퍼 레벨 패키지

웨이퍼 레벨 패키지(Wafer Level Chip Scale Package, WLCSP)

팬인(Fan in) WLCSP

웨이퍼 레벨 패키지는 패키지 공정을 웨이퍼 레벨로 진행한 패키지다. 협의적인 의미로는 패키지 공정 전체를 웨이퍼 레벨로 진행한 패키지이고, 그 대표적인 예가 WLCSP(Wafer Level Chip Scale Package)이다. 하지만 광의적인 의미로 보면 패키지 공정의 일부라도 웨이퍼 레벨로 진행한 패키지들은 웨이퍼 레벨 패키지에 포함한다. RDL을 이용한 패키지, 플립 칩(Flip chip) 패키지, 실리콘 관통 전극(TSV)을 이용한 패키지들이 여기에 해당한다.

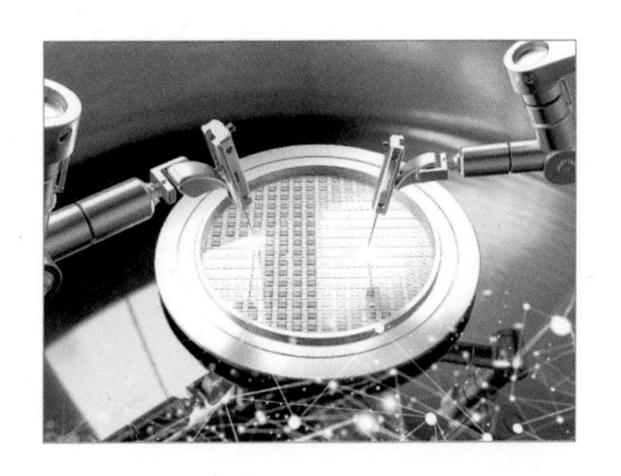

WLCSP는 팬인 WLCSP와 팬아웃 WLCSP로 구분되는데, 먼저 팬인 WLCSP에 관해 설명하겠다. 팬인 WLCSP는 웨이퍼 위에 바로 패키지용 배선과 절연층, 솔더 볼을 형성한 패키지로 컨벤셔널 패키지와

비교하면 다음과 같은 장단점을 가졌다.

- 칩의 크기가 그대로 패키지 크기가 되므로 가장 작은 크기의 패키지 구현이 가능하다.
- 서브스트레이트와 같은 매개체 없이 솔더 볼이 칩 위에 바로 붙기 때문에 전기적 전달 경로가 상대적으로 짧아서 전기적 특성이 향상된다.
- 서브스트레이트와 와이어 등의 패키지 재료를 사용하지 않고, 웨이퍼 단위에서 일괄적으로 공정이 진행되므로 웨이퍼에 칩 수, 넷 다이(Net die) 수가 많고, 수율이 높은 경우엔 저비용으로 공정이 가능하다.

- 실리콘 Si 칩이 그대로 패키지가 되므로 패키지의 물리적·화학적 보호 기능이 약하다.
- 패키지가 Si 자체이므로, 패키지가 붙을 PCB 기판과 열팽창 계수[5] 차이가 크다. 따라서 둘 사이를 연결하는 솔더 볼에 더 많은 응력이 가해지므로 솔더 조인트 신뢰성[6]이 상대적으로 취약하다.
- 메모리의 경우 용량이 같더라도 새로운 기술로 칩을 개발하면 칩 크기가 달라지며 이에 따라 팬인 WLCSP의 패키지 크기도 달라지게 되므로 기존의 패키지 테스트 인프라(Infra)를 이용하지 못한다. 또한 고객과 약속되어 있거나 표준화된 패키지 볼 배열이 칩 크기보다 큰 경우에는 솔더 볼 배열을 패키지에 만들지 못하여 아예 패키지가 불가능하다.
- 웨이퍼의 칩 수가 적고, 수율이 낮은 경우엔 컨벤셔널 패키지 비용보다 패키지 비용이 더 커진다.

5 **열팽창 계수(Coefficient of Thermal Expansion)** : 일정한 압력 아래에서 온도가 높아짐에 따라 물체의 부피가 늘어나는 비율로 보통 팽창이나 수축은 온도 증가나 감소와 선형적인 관계를 이루기 때문에 열팽창 계수(CTE)라 칭함

6 **솔더 조인트 신뢰성(Solder Joint Relaibility)** : 반도체 패키지와 PCB기판을 솔더로 연결할 때, 패키지가 사용되는 기간 동안 이 접합부가 본래의 역할인 기계적·전기적 연결을 제대로 할 수 있는지 보장해주는 것

팬아웃(Fan out) WLCSP

팬아웃 WLCSP는 팬인 WLCSP의 장점을 가지면서 동시에 단점을 극복할 수 있는 WLCSP 기술이다. 〈표 2-3〉은 팬인 WLCSP와 팬아웃 WLCSP를 비교한 것이다.

팬(Fan)은 칩 크기를 의미한다. 칩 크기 안에 패키지용 솔더 볼이 다 구현된 것이 팬인 WLCSP인 것이고, 패키지용 솔더 볼이 팬 밖에도 구현된 것이 팬아웃 WLCSP이다.

팬인 WLCSP는 웨이퍼를 공정 중간에 자르지 않고 패키지 공정이 다 완료된 다음에 자른다. 이 때문에 칩 크기와 패키지 크기가 같을 수밖에 없고, 솔더 볼도 칩 크기 안에서 구현될 수밖에 없다. 반면에 팬아웃 WLCSP는 패키지 공정 전에 먼저 칩을 자르고, 잘린 칩들을 캐리어(Carrier)에 배열하여 웨이퍼 형태를 다시 만든다. 이때 칩과 칩 사이는 EMC라는 재료로 채워서 웨이퍼 형태를 만든다. 이렇게 만든 웨이퍼를 캐리어에서 떼어내고, 그 위에 웨이퍼 레벨 공정을 진행한 후 절단하여 낱개의 팬아웃 WLCSP를 완성한다.

표 2-3_ 팬인 WLCSP와 팬아웃 WLCSP의 비교

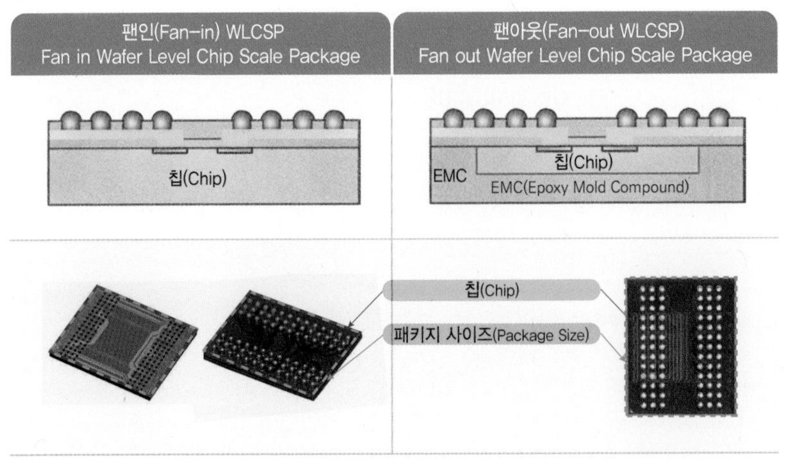

©www.hanol.co.kr

팬아웃 WLCSP는 전기적 특성이 좋은 팬인 WLCSP의 장점은 그대로 가져간다. 그리고 단점인 기존의 패키지 테스트 인프라를 사용할 수 없다는 점, 패키지 볼 배열이 칩 크기보다 커지면 패키지를 만들 수 없다는 점, 불량인 칩들도 패키지해야 해서 공정 비용이 증가한다는 점 등은 모두 극복할 수 있다.

팬아웃 WLCSP는 먼저 칩을 자른 후에 공정을 진행한다. 따라서 웨이퍼 테스트에서 양품으로 판정된 칩만을 캐리어에 배열하여 불량품까지 패키지 공정을 진행하는 일은 없다. 그리고 팬아웃 WLCSP는 칩을 재배열할 때 간격을 크게 하면 패키지 크기가 커지고, 작게 하면 패키지 크기가 작아진다. 칩 간의 간격을 조절해 원하는 대로 패키지 크기를 만들 수 있기 때문에 기존의 패키지 테스트 인프라를 활용할 수 있게 패키지 크기를 조절할 수 있고, 원하는 패키지 볼 배열을 구현하기도 쉽다. 이러한 팬아웃 WLCSP의 장점 때문에 최근에는 그 적용 범위가 커지고 있다.

칩을 자른 후 다시 양품만을 재배치하여 패키지 공정을 진행한다는 팬아웃 WLCSP의 장점 때문에 새롭게 구현되는 패키지 기술이 판넬 레벨 팬아웃 WLCSP이다. 양품 칩을 캐리어에 재배치하여 새롭게 웨이퍼를 만드는 것이 팬아웃 WLCSP 기술인데, 이때 캐리어가 반드시 웨이퍼 형태일 필요는 없다. 캐리어가 판넬 타입이면 〈그림 2-2〉에서 비교한 것처럼 같은 크기의 웨이퍼에 비해서 칩을 더 많이 배치시킬 수 있게 된다. 그러면 동시에 공정을 진행할 수 있는 패키지가 많아지는 것이고, 즉 패키지 한 개당의 공정 비용은 더 저렴해질 수 있다. 이러한 이유 때문에 많은 회사가 판넬 타입의 팬아웃 패키지 기술을 개발하고 있고, 이 기술을 PLP(Panel Level Package)라고 부르기도 한다. 웨이퍼 타입의 경우엔 팬아웃이어도 공정을 진행하는 장비가 기존의 웨이퍼 장비와 큰 차이가 없다. 하지만 판넬 타입은 기판 공정을 위한 장비나 디스플레이를 위한 장비와 더 유사하다. 그리고 웨이퍼보다는 판넬

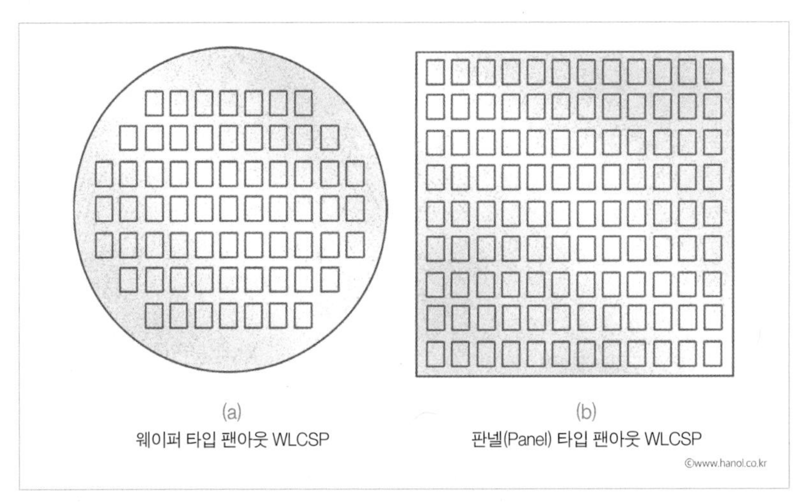

그림 2-2_ 팬아웃 WLCSP

이 휨(Warpage) 발생 경향이 더 심해서 웨이퍼 타입의 팬아웃 WLCSP 보다는 더 미세한 패턴을 구현하기가 쉽지 않다는 단점이 있다.

재배선(ReDistribution Layer, RDL)

재배선은 ReDistribution Layer를 의미하며, 이 때문에 약자로 RDL 기술이라고 부르기도 한다. RDL 기술은 웨이퍼상에 이미 형성되어 있는 본딩 패드[7]를 금속층을 더 형성시켜 원하는 위치에 다시 형성시키는 패드 재배열이 목적이다. 〈그림 2-3〉은 RDL 기술로 센터 패드 칩의 패드가 가장자리로 재배열된 칩의 사진과 단면 구조를 보여준다. RDL 기술은 웨이퍼 레벨 공정으로 패드만 재배열해 준 것이고, RDL이 완료된 웨이퍼는 컨벤셔널 패키지 공정을 진행하여 패키지를 완성시킨다.

RDL 기술은 고객이 웨이퍼에 그들만의 패드 배열을 요청한 경우, 요청을 만족시키기 위해 새로운 웨이퍼를 공정에서 제작하는 것보다는 패키지 쪽에서 기존 웨이퍼에 RDL 기술로 패드만을 재배열하는 것이 효과적일 때 사용한다. 또한 센터 패드 칩을 칩 적층할 때도

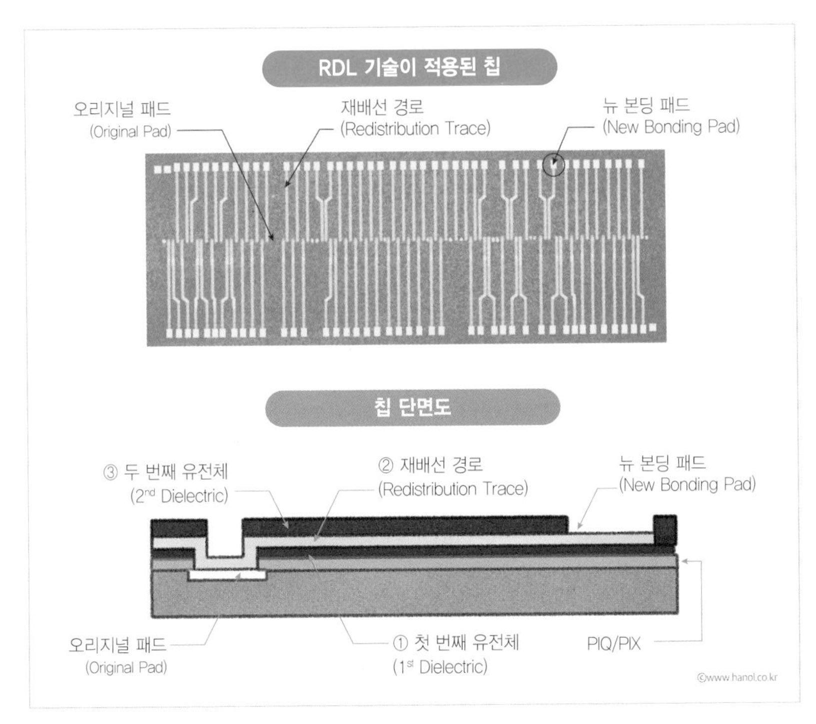

그림 2-3_ RDL기술이 적용된 칩과 단면도

RDL 기술이 필요하다.

최근에 RDL은 패키지 공정에서 웨이퍼 레벨 공정으로 형성하는 금속 배선층을 의미하여 그 활용 범위가 더욱 커졌고, 형성하는 층 수도 증가하였다.

플립 칩(Flip Chip)

플립 칩 기술은 칩에 형성된 범프가 뒤집혀서(Flip) 서브스트레이트 등에 부착되기 때문에 플립 칩(Flip chip)이란 이름이 붙었다.

7 **패드(Pad)** : 반도체에서 패드는 패드가 만들어진 대상이 다른 매체와 전기적으로 연결하는 통로를 의미한다. 칩에서는 와이어나 플립 칩 범프로 외부와 전기적으로 연결될 패드가 만들어지고, 서브스트레이트에서는 칩과 서로 연결될 패드가 만들어진다.

플립 칩은 패키징 분야에서 전통적으로 사용되고 있는 와이어 본딩과 같이 칩과 서브스트레이트 등의 기판을 전기적으로 연결하는 인터커넥션(전기 접속) 기술이다.

플립 칩 기술이 인터커넥션 기술로서 기존의 와이어 본딩 기술을 대체하게 된 것은 전기적 특성이 우수하기 때문이다. 플립 칩 본딩 기술이 와이어 본딩 기술 대비 전기적 특성이 우수한 것은 두 가지 이유 때문이다. 첫 번째는 전기 접속 연결을 할 수 있는 IO(Input, Output) 핀의 개수와 위치가 와이어 본딩 기술에 비해서 제약 사항이 없다는 것이고, 두 번째는 전기 신호 전달 경로가 와이어 본딩으로 연결된 것보다 짧다는 것이다.

와이어 본딩에 사용되는 칩 위의 금속 패드 배치는 일차원적이라서 가장자리 또는 센터로 위치가 한정된다. 이에 반해 플립 칩 본딩은 솔더 범프 형성과 서브스트레이트와의 접합 시 공정상 제약이 없기 때문에 금속 패드 배치에 칩의 한 면을 다 이용해 2차원적으로 배열할 수 있어 연결 핀의 개수를 크게 증가시킬 수 있다. 그리고 범프를 형성할 패드의 위치도 칩 위 원하는 곳에 만들 수 있다. 특히, 파워를 공급하는 패드의 경우에는 파워가 필요한 곳 바로 근처에 형성할 수 있어 전기 특성을 더욱 강화할 수 있다. 또한, 〈그림 2-4〉에서 볼 수 있는 것처럼 칩에 있는 정보를 동일 패키지 볼로 내보낼 때, 와이어 본딩

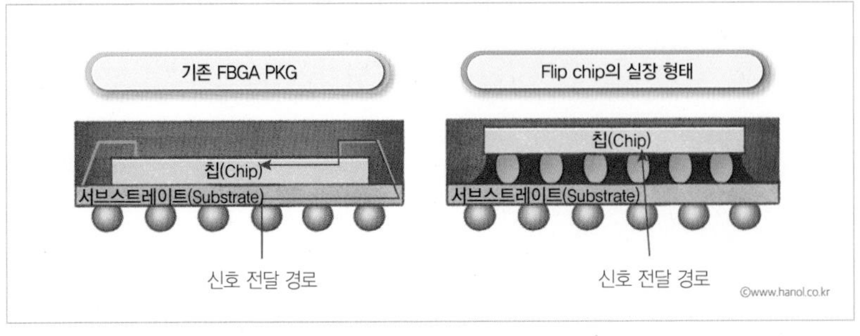

그림 2-4_ 와이어 본딩과 플립 칩 본딩의 신호 전달 경로 비교

보다 신호 전달 경로도 훨씬 짧아진다. 이 때문에 전기적 특성이 우수하다.

앞에서 설명한 WLCSP도 웨이퍼 위에 솔더 볼을 형성하는 것이고, 여기에서 설명하는 플립 칩도 웨이퍼 위에 솔더 범프를 바로 형성하는 것이다. 둘 다 PCB 기판에 바로 실장할 수 있는 기술이나 두 기술의 차이는 무엇일까? 가장 큰 차이는 솔더의 크기이다. WLCSP에서 솔더 볼은 패키지용 솔더 볼로서 지름이 보통 몇백 μm 수준이다. 하지만 플립 칩 위에 형성되는 솔더는 몇십 μm 수준이다. 크기가 작아서 플립 칩 위에 형성된 솔더는 보통 솔더 볼이 아닌 솔더 범프라고 부른다. 이렇게 플립 칩은 솔더의 크기가 작기 때문에 솔더 접합부 신뢰성을 솔더만으로 보장하긴 힘들다. 몇백 μm 크기의 WLCSP 솔더 볼은 기판과 칩 사이의 열팽창 계수 차이에서 오는 응력 스트레스를 감당할 수가 있지만, 고작 몇십 μm 크기의 플립 칩 솔더 범프는 감당하기 어렵다. 그러므로 솔더 접합부 신뢰성을 보장하기 위해 플립 칩 범프는 반드시 폴리머 계열인 언더필(Underfill) 재료를 범프 사이에 채워 넣어야 한다. 그래야 언더필 재료가 범프에 인가되는 스트레스를 분산하여 솔더 접합부 신뢰성을 만족시킬 수 있게 된다.

4 적층 패키지

여러 채의 건물로 구성된 일반 주택 단지는 아주 넓은 면적이 필요하다. 하지만 그 주택 단지에 거주하는 모든 사람은 비교적 좁은 면적의 고층 빌딩 하나에 모두 거주하게 만들 수도 있다. 바로 이 고층 빌딩이 적층(Stack) 패키지의 장점을 잘 보여준다. 여러 개의 패키지로 기능하는 것을 하나의 적층 패키지로 만들어 훨씬 작은 면적에서 더욱 향상된 기능을 할 수 있게 만든 것이다. 적층 패키지는 중요한 패키지 기술이자 제품 구현 방법이다. 패키지 하나에 칩을 하나만 넣은 제품이 일반적이었지만, 최근에는 서로 다른 기능을 가진 칩들을 한 패키지에 넣음으로써 다양한 기능을 가진 패키지를 구현하거나, 메모리의 경우 메모리 칩 여러 개를 한 패키지에 넣어서 더 높은 용량의 패키지를 구현한다. 이 기술로 반도체 회사는 고객들의 다양한 요구에 대응하면서 고부가 가치까지 창출할 수 있다.

〈그림 2-5〉는 적층 패키지를 그 기술에 따라 3개의 종류로 분류한 것이다. 패키지를 적층하여 하나의 패키지를 만드는 패키지 적층 패키지, 칩들을 한 패키지 내에서 적층하여 와이어 본딩, 플립 칩 본딩 등을 이용한 칩 적층 패키지, 그리고 칩 적층 패키지 내부의 전기적 연결(Interconnection)을 기존 와이어 접합 기술이 아닌 실리콘 관통 전극

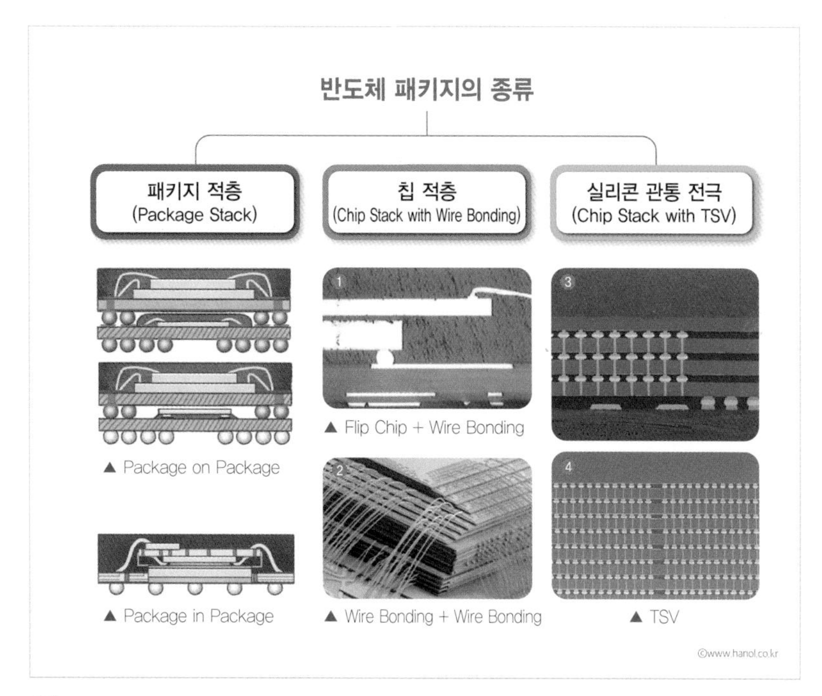

그림 2-5_ 적층 패키지의 분류

TSV를 이용한 칩 적층 패키지로 각각 분류하였다.

패키지 적층(Package Stack)

패키지 적층 패키지는 패키지 자체를 수직으로 적층하여 만든 패키지로, 칩 적층 패키지와 장점과 단점이 서로 반대된다. 패키지 적층 패키지는 테스트가 완료된 패키지를 적층한다. 그리고 적층한 후에도 테스트 시 불량이 난 패키지를 양품인 패키지로 교체하는 재작업(re-work)이 쉽다. 이 때문에 칩 적층 패키지에 비해서 테스트 수율 면에서 우수하다. 하지만 칩 적층 패키지에 비해서 크기가 크고, 신호 전달 경로가 길어서 전기적 특성이 칩 적층 패키지에 비해 떨어질 수 있다.

대표적인 패키지 적층 패키지는 PoP(Package on Package)로 모바일 제품에 많이 사용된다. PoP가 널리 사용되는 이유는 사업 구조상 패키지 적층의 장점을 충분히 활용할 수 있기 때문이다. 모바일 제품에 적용되는 PoP의 경우엔 위의 패키지와 아래 패키지에 들어가는 칩 종류와 기능이 다르고, 만드는 회사도 다르다.

위 패키지는 주로 메모리 칩이 들어간 패키지이고 메모리 반도체 회사에서 만든다. 아래 칩은 모바일 프로세서가 들어간 패키지이고 주로 팹리스 회사들이 파운드리와 OSAT를 이용하여 만든다. 이렇게 패키지 만드는 주체가 다르므로 각자 패키지를 만들어 테스트로 양품을 잘 선별한 다음에 그것들을 적층한다. 만약 적층 후에 불량이 발생하더라도 다른 회사에 손해를 안 주고 불량이 난 회사의 제품만 양품으로 교체하는 재작업이 가능하므로 사업 구조상으로 패키지 적층이 큰 이점이 있다.

칩 적층(Chip Stack) – Chip Stack with Wire Bonding

한 패키지에 여러 개의 칩을 넣을 때 수직으로 적층할 수도 있고, 기판에 수평으로 붙여서 넣을 수도 있다. 수평으로 넣는 경우엔 패키지 크기가 커지게 되므로 수직으로 적층하는 것이 대세다. 칩 적층 패키지는 패키지 적층 패키지에 비해서 더 작은 크기의 패키지를 구현할 수 있고 전기적 신호 전달 경로가 짧아 전기적 특성이 우수하다. 하지만 패키지 테스트 시 한 개의 칩이 불량인 경우 패키지 내의 다른 칩들이 양품이더라도 전체 패키지를 버려야 하므로 테스트 수율에 상대적으로 취약하다. 이런 단점을 극복하기 위해서 웨이퍼 테스트 시 칩 적층을 위한 칩들은 테스트 조건을 강화시켜서 칩 적층 후에도 살아있을 칩들만을 골라서 칩 적층을 진행함으로써 수율이 낮아지는 것을 보완하기도 한다.

메모리 반도체 칩을 적층하는 칩 적층 패키지는 적층되는 칩이 많을수록 용량이 늘어난다. 때문에 더 많은 칩을 넣을 수 있는 기술을 개발하고 있다. 그러나 고객들은 칩이 많이 적층된다고 해서 패키지 두께까지 늘어나는 것은 원하지 않는다. 그러므로 고정된 패키지 두께 안에서 더 많은 칩을 적층하는 기술을 개발해야 한다. 그러기 위해선 패키지 두께에 영향을 주는 모든 것을 얇게 만들어야 한다. 우선 칩 두께를 기존보다 더 얇게 만들어야 한다. 또한 서브스트레이트도 얇게 만들어야 하고, 제일 위의 칩과 패키지 위 표면과의 간격도 작아져야 한다. 이는 공정상에 많은 어려움을 야기한다. 특히, 칩이 얇아지는 경우 공정 중에 칩이 물리적으로 손상될 위험이 커진다. 때문에 이런 문제점을 극복할 수 있는 패키지 공정이 개발되고 있다.

실리콘 관통 전극(TSV) - Chip Stack with TSV

TSV(Through Si Via)의 정의

실리콘 관통 전극은 약자로 TSV라고도 부른다. TSV는 실리콘을 뚫어서 전도성 재료로 채운 전극을 의미하며, 칩을 적층하기 위한 기술이다. 칩을 적층할 때 기존에는 칩과 칩, 칩과 서브스트레이트를 와이

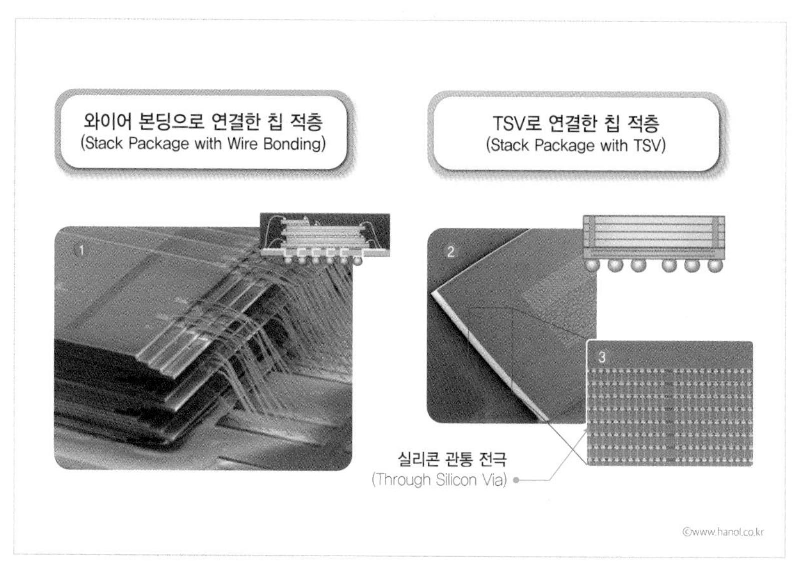

그림 2-6_ 와이어 본딩으로 연결한 칩 적층과 TSV로 연결한 칩 적층의 비교

어로 연결하던 것을 칩에 구멍을 뚫어서 전도성 재료인 금속 등으로 채워 수직으로 칩을 연결하는 기술인 것이다. TSV는 적층 시에는 칩 단위 공정을 하지만, 적층 전에 TSV를 형성하고, 적층 연결을 위해 칩 앞뒤에 솔더 범프를 형성하는 공정을 웨이퍼 레벨로 진행한다. 때문에 웨이퍼 레벨 패키지 기술로 분류되기도 한다.

TSV의 장점

TSV를 이용한 패키지의 큰 장점은 성능과 패키지 크기이다. 〈그림 2-6〉의 와이어를 이용한 칩 적층에서는 적층된 칩의 옆면에 거미줄처럼 와이어들이 연결된 것을 볼 수 있다. 적층되는 칩의 개수가 많고, 연결할 핀 수가 많을수록 와이어는 더욱 복잡해지고, 와이어를 연결할 공간도 많이 필요하다. 그러나 같은 그림에서 TSV를 이용한 칩 적층 사진을 보면 복잡한 와이어도 없고, 와이어를 연결할 공간도 필요 없음을 알 수 있다. 즉, 그만큼 패키지의 크기를 줄일 수 있다. 앞서 플립 칩의 전기적 특성이 좋은 이유는 시스템과 연결할 핀을 원하는 위치에 형성하기 쉽고, 개수도 늘릴 수 있으며, 전기 신호 전달 경로가 짧기 때문이라고 설명했다. TSV를 이용하여 칩을 적층한 패키지의 전기적 특성이 좋은 이유도 이와 같다. 위 칩에서 바로 아래 칩에 전기 신호를 전달하고자 할 때 TSV를 이용한 칩 적층은 TSV를 이용해서 바로 아래로 신호가 전달되지만, 와이어를 이용한 경우에는 서브스트레이트까지 내려갔다가 다시 올라와야 해서 신호 전달 경로의 길이가 훨씬 길어진다. 또한 〈그림 2-6〉의 와이어를 이용한 칩 적층을 보면 칩의 한가운데는 절대로 와이어로 연결할 수 없다는 것을 알 수 있다. 반면에 TSV의 경우에는 칩의 한가운데도 뚫어서 전극으로 만들고 서로 연결할 수 있다. 핀의 개수도 와이어를 이용한 경우보다 훨씬 더 늘릴 수 있다.

핀의 개수를 늘릴 수 있다는 장점 때문에 디램(DRAM)에서 새로운 아키텍처[8]로 개발된 메모리가 HBM(High Bandwidth Memory)이다. 보통 디램의 스펙에서 X4라고 표현된 것은 정보를 전달할 수 있는 핀의 개수가 4개라는 것을 의미한다. 즉, 디램에서 동시에 내보낼 수 있는 정보가 4bit라는 뜻이다. X8이면 8bit, X16이면 16bit, X32이면 32bit 이다. 이 핀의 개수를 더 늘리면 더 많은 정보를 동시에 보낼 수 있으므로 더 늘리고 싶지만, 와이어를 이용한 경우에는 공정상의 한계 때문에 X32가 최대였다. 하지만 TSV를 이용한 적층에서는 이런 한계가 없으므로 HBM의 경우 X1024를 구현하였다. HBM이 핀당 속도가 1Gbps일 때 내보낼 수 있는 정보량(Data Bandwidth)과 동일한 양을 X4 디램에서 내보내고 싶으면 핀 하나당 속도는 256Gbps여야 한다. X8 디램에서는 128Gbps, X16 디램에서는 64Gbps, X32 디램에서는 32Gbps의 핀당 속도를 가져야 한다. 하지만 현재 어떤 제품에서도 핀당 속도 32Gbps나 그 이상의 속도가 구현되지 못하고 있다. HBM의 첫 번째 제품이 핀당 속도가 1Gbps였고, 두 번째 세대인 HBM2E에서는 핀당 속도가 3.2Gbps가 넘는다. 세 번째 세대인 HBM3에서는 핀당 속도가 6Gbps, HBM3E에서는 9Gbps 이상의 속도가 나오고 있다. HBM4부터는 IO개수가 1024가 아닌 그 2배, 2048로 늘어날 것이고, 그만큼 한 번에 보낼 수 있는 정보량도 크게 늘어날 것이다. 이렇게 기존의 디램에서는 절대 구현할 수 없는 정보량을 HBM은 시스템으로 보낼 수 있는 것이다. 이 때문에 많은 시스템 업체에서 HBM을 적극 채용하고 있는데, 특히 Chat GPT 등에서 AI의 활용이 커지면서 AI 가속기 등에선 HBM이 필수적인 메모리가 되었다. 그리고 앞으로 HBM의 적용 분야와 시장 규모는 더욱 커질 것이다.

TSV의 메모리 적용 제품

현재 TSV를 DRAM에 적용한 양산 제품군은 그래픽, 네트워크, HP-

8 **아키텍쳐(Architecture)** : 구조, 구성 방식

C(High Performance Computing) 등에 적용하는 HBM, 그리고 DRAM 메모리 모듈로 주로 사용되는 3DS(3D Stacked Memory) 등이다. 그리고 모바일에 적용하기 위한 Wide IO 제품의 구현도 다시 논의되고 있다.

HBM은 패키지가 다 완료된 제품이 아닌, 반 패키지 제품이다. 시스템 업체에 이 HBM을 보내면 시스템 업체가 인터포저(Interposer)[9]를 사용하여 〈그림 2-7〉과 같은 구조로 자신의 로직 칩 옆에 HBM을 나란히 붙인 2.5D 패키지를 만든다. 이 패키지는 일종의 SiP(System in Package)이다.

HBM 핀은 20μm 크기의 마이크로 범프로 만들어진다. 시스템 업체가 패키지 공정 시에 HBM과 로직 칩을 인터포저(Interposer)에 붙이고, 이 인터포저를 서브스트레이트에 직접 붙인다. HBM 1개당 마이크로 범프의 수는 보통 5천 개가 넘는다. 로직 칩도 2만 개 이상의 마이크로 범프를 가진다. (AI 가속기에 사용되는 로직 칩들은 마이크로 범프 수가 20만 개까지도 구현된다.) HBM이 4개 사용된다면 패키지 내 마이크로 범프의 수는 4만 개 이상일 것이다. 만약 20μm 크기의 마이크로 범프 4

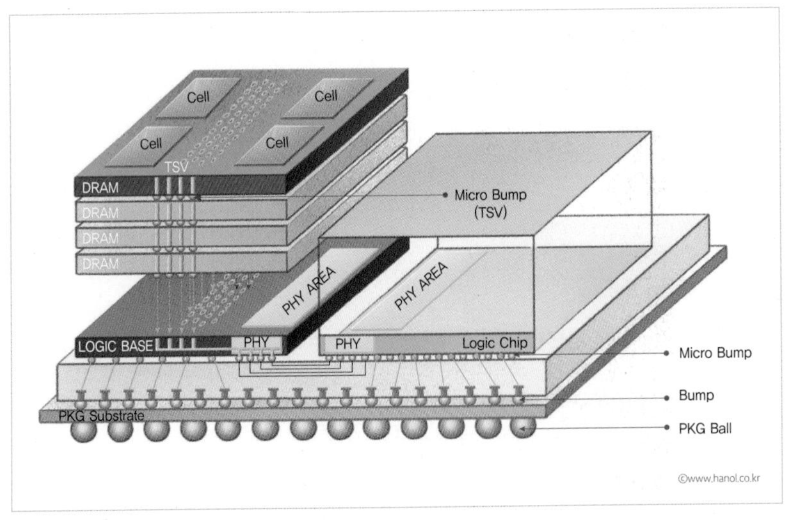

그림 2-7_ HBM을 이용한 2.5D 패키지

만 개를 서브스트레이트에 바로 붙이려면 그 정도 크기와 숫자를 가진 패드를 서브스트레이트로 만들어야 한다.

하지만 일반적인 서브스트레이트 제조 공정에서는 쉽지 않은 일이다. 그리고 이 4만 개의 마이크로 범프는 대부분 로직 칩과 HBM이 상호 통신하는 데 사용된다. 실제 패키지 밖 시스템으로 나가는 신호는 대부분 로직 내에서 연산 처리된 신호들이다. 그러므로 실리콘 인터포저에 반도체 제조 공정으로 마이크로 범프를 붙일 수 있는 작은 크기의 패드와 피치를 가진 금속층을 만들어 HBM과 로직 칩을 붙이고 그 안에서 대부분의 신호를 처리한 후 로직 칩에서 나갈 일부 신호를 인터포저 내 TSV를 통해 서브스트레이트로 보내면, 인터포저와 서브스트레이트 사이를 연결할 범프 수가 많지는 않다. 따라서 이를 위한 서브스트레이트 제작에는 큰 어려움은 없다.

3DS 메모리는 BGA 패키지를 만들어 그것을 다시 PCB 기판에 실장해 메모리 모듈 형태의 제품을 만든다. 실제 서버용 컴퓨터에서 DRAM 메모리 모듈은 고속·고용량을 요구하는데, 속도가 올라가면 올라갈수록 기존의 와이어를 이용한 칩 적층 패키지로는 그 특성을 만족할 수 없다. 칩을 한 개 넣은 패키지에서 속도가 빨라져서 기존의 와이어 본딩으로 특성을 만족시킬 수 없기 때문에, 플립 칩 기술을 사용했다면 그 칩을 적층할 때 다시 와이어 본딩을 사용할 수는 없고 TSV를 이용해서 적층해야 하는 것이다. 그래서 TSV를 이용한 칩 적층 패키지들로 DRAM 메모리 모듈을 만들어 서버 컴퓨터 등의 하이엔드 시스템에 사용하고 있다.

9 **인터포저(Interposer)** : 2.5D 패키지에는 HBM과 로직 칩의 IO 범프 수가 너무 많아서 서브스트레이트에 그를 대응하는 패드를 만들 수 없다. 때문에 웨이퍼 공정을 통해서 HBM과 로직 칩을 대응할 수 있는 패드와 금속 배선을 만들어 HBM, 로직 칩을 붙일 수 있게 한 것이 인터포저이다. 이 인터포저는 TSV로 다시 서브스트레이트에 직접 연결된다.

5

시스템 인 패키지

HBM을 이용하여 로직 칩과 함께 만든 패키지가 시스템 인 패키지(System in Package, SiP)의 일종이다. SiP는 시스템을 하나의 패키지로 구현한다는 개념이다. 그러나 시스템 구성 요소, 예를 들어 센서, AD 컨버터, 프로세서 같은 로직 반도체, 메모리 반도체, 배터리, 안테나 등이 다 갖추어져야 완벽한 시스템이 되는데, 현재 기술 수준으로는 모든 시스템 구성 요소를 한 패키지에 구현하지 못한다. 하지만 패키지 연구자들은 이를 목표로 계속 기술을 개발하고 있다. 현재는 시스템 구성 요소 중 몇 개를 한 패키지로 구성한 것을 SiP라고 통칭한다. HBM을 적용한 패키지의 경우에는 메모리인 HBM과 로직 칩을 하나의 패키지로 만들어서 SiP를 만드는 것이다.

SiP와 대비되는 개념이 바로 SoC(System on Chip)이다. 시스템을 칩 레벨에서 구현하는 것이 SoC인데, 몇 개의 다른 기능을 한 칩에 구현하여 SoC라고 분류하고 있다. 현재 대부분의 프로세서들은 SRAM 메모리를 캐시 메모리로서 칩 안에 내장하고 있다. 이는 프로세서의 로직 기능과 SRAM의 메모리 기능이 한 칩에서 구현되는 것으로 SoC로 분류한다.

SoC는 여러 기능을 하나의 칩에 담아야 하므로 개발 난이도도 높고 개발 기간도 길다. 또한 이미 개발된 SoC의 한 소자의 기능만 업그레이드하고 싶다 하더라도 처음부터 다시 설계하고 개발해야 한다. 반면에 SiP는 이미 개발된 칩들과 소자들을 모아 한 패키지로 만드는 것이라서 개발 기간도 짧고 개발 난이도도 낮다. 완전히 구조가 다른 소자, 다른 재료의 소자(예를 들어 실리콘 반도체와 화합물 반도체)라고 하더라도 칩 자체는 각자 따로 개발·제조되는 것이라서 하나의 패키지로 만드는 것은 비교적 용이하다. 그리고 기능의 한 부분만 업그레이드하고 싶다면 해당되는 소자만 새로 개발된 것을 사용하면 된다. 하지만 어떤 제품이 아주 오랫동안 대량으로 사용될 수 있다면 SiP로 개발하는 것보다는 SoC로 개발하는 것이 더 효율적일 수 있다. 왜냐하면 SiP는 여러 칩을 하나의 패키지로 만드는 것이므로 제조 시 사용되는 재료도 많고, 패키지 크기도 커지게 되기 때문이다.

SoC와 SiP를 대비해서 설명하였지만, 이 두 기술은 둘 중 하나를 선택해야 하는 기술은 아니다. 서로 시너지를 내며 상승 효과를 만들 수 있는 기술이다. SoC가 개발되면 그 SoC 칩과 다른 기능의 칩들을 하나의 패키지로 만들어서 더 좋은 기능의 SiP로 구현할 수 있기 때문이다.

칩렛(Chiplet)의 필요성과 장점

인공 지능 등으로 인해 로직칩의 기능, 특히 프로세서에 요구되는 기능은 크게 증가하였고, 이를 대응하기 위해 더 많은 회로를 칩 안에 구현해야 하는데, 칩에서 회로를 작게 구현할 수 있는 스케일링 다운(Scaling down)[10]기술은 이미 한계에 도달하고 있다. 따라서 더 많은 회로를 구현하기 위해선 칩들의 크기가 커져야 한다. 하지만 칩이 커지면 반도체 제조 시 수율에 큰 영향을 받는다. 예를 들어 300mm 웨

10 **스케일링 다운(Scaling down)** : 반도체에서 미세한 패턴이나 구조를 형성할 때 반도체 공정 기술을 향상시켜 더욱 더 미세한 패턴이나 구조를 만드는 것을 의미한다.

이퍼에 구현할 수 있는 칩이 100개인 로직 칩과 1,000개인 로직 칩이 있다고 할 때 공정상 이슈로 불순물이 5개 떨어져서 5개 칩이 죽었다고 하면, 칩이 100개인 로직 칩의 제조 수율은 95%이고 1000개인 로직 칩의 제조 수율은 99.5%가 된다. 즉 칩의 크기가 커질수록 수율은 급격히 낮아진다. 그런데 지금 요구되는 프로세서의 칩 크기는 50mm×50mm 이상이 되기도 하는데, 50mm×50mm의 칩은 300mm 웨이퍼에 최대로 구현할 수 있는 개수는 〈그림 2-8〉에 모식도로 표현한 것처럼 21개 수준이고, 여기에 불순물이 5개 떨어졌다면 제조 수율은 76%가 된다. 결국 프로세서와 같은 SoC는 그 크기가 커지면서 제조 효율이 급격히 나빠지게 되는 것이다. 칩의 크기가 커지면 제조 수율만 이슈가 생기는 것이 아니라 공정도 어려워진다. 특히 포토 공정은 그 어려움이 더욱 커지는데, 포토 공정에서 사용되는 마스크(레티클)는 공정을 진행할 수 있는, 즉 패턴을 만들 수 있는 면적이 한정되어 있다. 그런데 칩의 크기가 커지면 그 면적보다 커지게 되고, 그럴 경우엔 칩 위에 패턴을 만들기 위해 여러 개의 마스크가 필요하

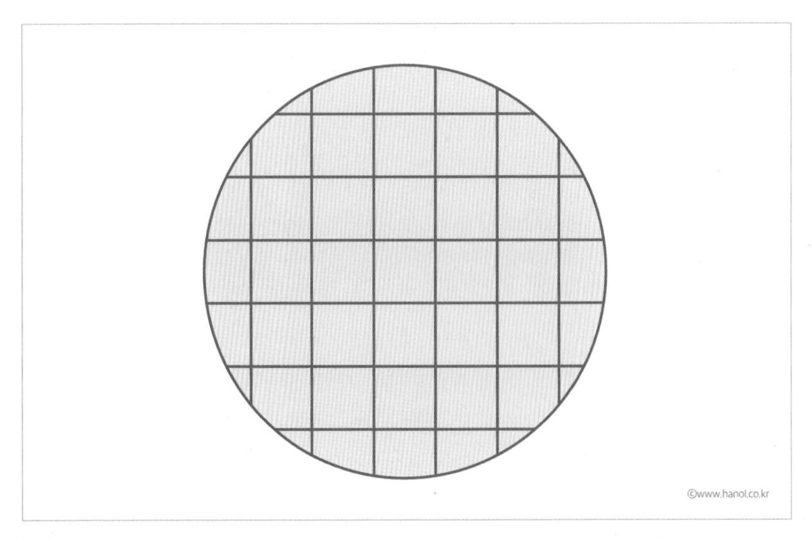

그림 2-8_ 300mm wafer에 50mmX50mm 칩을 만들었을 때 최대 배열 모식도

게 된다. 즉 하나의 마스크로 패턴을 구현할 수 있는 면적보다 2배로 칩의 크기가 커지면 한 층을 형성할 때마다 마스크가 2장씩 필요하다는 의미이고, 기존에 10개 마스크로 구성된 세트로 만들 수 있었던 로직 칩이면 그 2배인 20개의 마스크가 필요하게 된다. 이것은 단순히 마스크 사용량에 따른 마스크 제조 비용뿐만 아니라, 2개의 마스크로 구현된 패턴이 중첩된 부분에서 정확히 맞춰질(Align) 수 있게 하는 기술도 필요하게 된다.

이러한 제조 효율과 공정상의 이슈 때문에 하나의 큰 칩으로 SoC를 구현하는 것보다 기존의 칩을 기능별로 쪼개고, 각 칩들을 패키지 기술을 통해서 연결하는 칩렛이란 기술이 최근 많은 관심을 받고 있다. 〈그림 2-9〉에 단일칩(Monolithic)과 칩렛의 개념을 모식도로 표현하였다. 칩렛은 한 개의 칩(Monolithic)으로 만드는 것보다 크게 세 가지 장점을 가진다.

첫 번째는 수율 향상으로 제조 효율이 올라가는 것이다. 앞에서 설명한 것처럼 칩의 크기가 작아지면 그만큼 수율이 높아지게 되는데, 큰 칩을 기능별로 쪼개 작은 칩 여러 개로 구성되게 하면서 전체적인

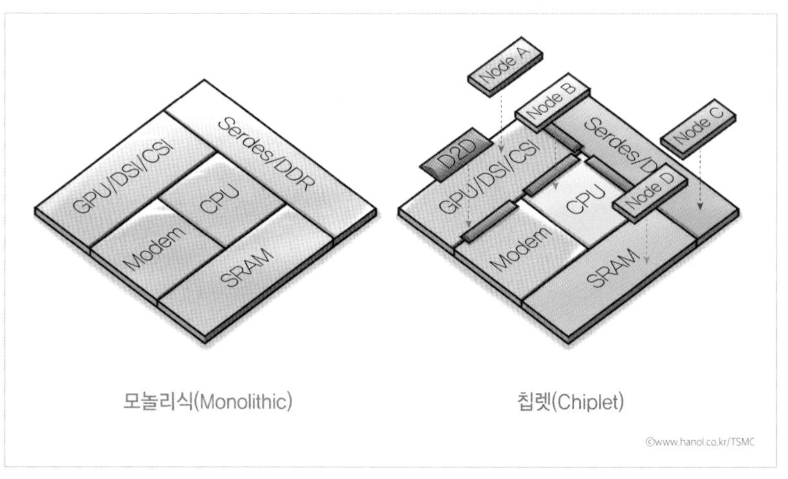

그림 2-9_ 칩렛의 개념도

제조 효율이 올라가게 하는 것이다.

두 번째는 개발의 효율화다. 한 개의 칩은 기능을 업그레이드하거나 최신 기술을 적용하고자 할 때 칩 전체를 다시 개발해야 한다. 하지만 칩을 나누어 놓으면 필요 기능을 하는 칩만 업그레이드하거나 최신 기술을 적용해서 개발하면 되므로 개발 기간이 짧아지고 효율도 높아진다. 예를 들면, 캐시 메모리인 SRAM의 용량을 2배로 늘리고 싶다면 기존의 SoC 기술에서는 칩 전체를 새로 개발해야 하겠지만, 칩렛 기술은 SRAM 칩만 2배 용량인 칩을 사용하면 된다. 또한 기능별로 쪼개진 칩들 중에서 어떤 칩은 기존의 20nm 기술을 쓰고 어떤 칩은 최신 기술인 10nm 미만의 기술을 사용하여 개발 효율을 높일 수도 있다. 그리고 이들 칩들은 별도의 칩들이므로 모두 실리콘 베이스의 반도체로 만들 필요도 없다. 특정 기능의 칩은 화합물 반도체를 적용하여 특성을 향상시킬 수 있다면 그 칩만 실리콘 반도체가 아닌 화합물 반도체로 개발하여 전체 개발 효율을 높일 수도 있는 것이다.

세 번째는 기술 개발의 집중화다. 칩을 기능별로 쪼개어 놓으면 모든 기능의 칩을 직접 개발하지 않아도 된다. 핵심 기술에 해당되는 칩만 직접 개발하고, 다른 칩들은 구매하거나 외주를 주어도 된다. 그렇게 함으로써 회사의 역량을 핵심 기술 개발에 집중하게 하는 것이다.

사실 이런 칩렛 기술의 장점들은 SiP의 장점과 동일하다. 즉, 칩렛 기술은 SoC를 SiP화하는 기술이라고 간략히 표현할 수 있다. 이러한 장점 때문에 인텔, 삼성, TSMC, AMD 등 주요 반도체 회사들이 칩렛을 이용한 반도체 제품을 선보이거나 로드맵에 제시하고 있다.

하지만 칩렛 기술들이 이러한 장점이 있다고 하더라도 SoC에 기본적으로 요구되는 전기적 특성이 있을 것이다. 그러한 전기적 특성을 향상시키려다 보니 더 많은 회로를 넣게 되고 이 때문에 칩이 커져서 효율을 위해 칩렛 기술을 사용한 것인데, 칩렛 기술이 전기적 특성을 저하시킨다면 의미가 크게 사라진다. 그러므로 칩렛 기술을 사용하여 SoC를 SiP화하여도 전기적 특성이 크게 나빠지지 않게 하는 기술이 필요하게 되었고, 실제적으로 3가지 핵심적인 기술이 칩렛 기술을 사용하여도 기존의 SoC의 성능 대비 더 좋게 하거나 비슷한 수준으로 나올 수 있게 하여 준다. 그 세 가지 기술은 TSV를 이용한 수직 적층 기술, 하이브리드 본딩 기술, 인터포저 기술이고, 각각의 기술들을 더 자세히 설명하겠다.

칩렛을 위한 핵심 기술 – TSV

TSV는 앞에서 설명한 것처럼 칩을 관통하는 전극을 만들어 수직으로 적층할 수 있게 하는 기술로서, 기존의 적층 방법에 비해서 더 많은 I/O를 위치 제한 없이 만들 수 있고, 더 짧은 신호 전달 경로를 만들어 줌으로써 전기 특성을 향상시킨다.

SoC를 쪼개어 TSV를 이용해 적층한 경우에도 신호 전달 경로가 짧아질 수 있다. 〈그림 2-10〉은 단품으로 구현된 SoC에서 한쪽 구석에서 반대편 구석으로 신호를 보낼 때 신호 전달 경로를 보여준다. 그리고 다른 그림에서는 이 SoC 칩을 9개로 쪼개어 TSV로 적층한 후에 같은 신호 전달 경로를 나타내었는데, 단품의 칩으로 만든 경우보다

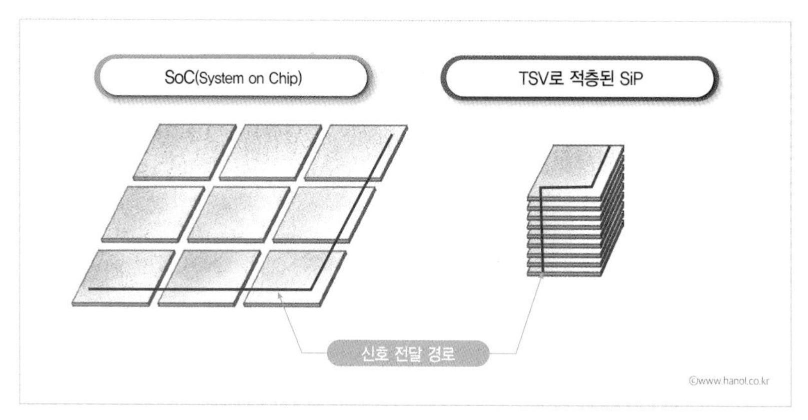

그림 2-10_ SoC와 TSV를 이용한 칩 적층 SiP의 신호 전달 경로 길이 비교

신호 전달 경로가 더 짧다는 것을 알 수 있다. 즉, TSV를 사용한 적층으로 전기 특성을 더 향상시킬 수 있는 것이다.

칩렛을 위한 핵심 기술 - 하이브리드(Hybrid) 본딩

두 번째 핵심 기술은 하이브리드 본딩이다. 〈그림 2-11〉은 하이브리드 본딩과 기존의 솔더 범프 본딩을 비교한 것이다. 하이브리드 본딩은 양쪽 칩의 구리 패드끼리는 금속과 금속 접합으로 붙이고, 그 옆에서 절연층을 구성하고 있는 층들끼리도 서로 접합하게 되는 본딩을 의미한다. 금속과 금속 접합은 예전부터 다이렉트 본딩(Direct Bonding)으로 불리기도 했는데, 절연층도 같이 접합한다는 의미 때문에 하이브리드 본딩으로 불리는 것이다. 하이브리드 본딩은 기존의 솔더 범프 본딩에 비해서 2가지 장점을 갖는다. 첫 번째는 본딩 간격, 즉 피치(Pitch)를 줄일 수 있다. 기존의 솔더 범프 본딩은 솔더가 낮은 온도에서 녹는 금속으로서 낮은 온도에서 빠른 접합을 할 수 있지만, 솔더 자체의 강성에 한계가 있으므로 어느 정도의 볼륨을 가진 범프를 만들어야 하며, 범프 간격이 작으면 본딩 시에 범프끼리 붙어버리는 불량(솔더 브리지, Solder Bridge)이 발생할 가능성이 커져서 작은 피치의 본딩을 만들기 어렵다. 반면에 구리와 구리의 금속 본딩은 접합이 이루어지면 아주 강한 접합을 하게 되고, 구리가 녹아서 붙는 것이 아니므로 브리지 불량이 일어나지 않는다. 그러므로 아주 작은 피치의 본딩이 가능하게 되어 같은 면적에서는 더 많은 본딩 I/O를 만들 수 있게 된다. 본래 SoC를 단품인 칩으로 만들면 SoC 내의 각 기능이 있는 영역들은 금속 배선으로 연결된 것이고, 이런 배선은 1μm나 그 이하의 간격으로 형성되어 각 기능 영역들은 많은 I/O로 연결된 것이나 마찬가지이다. 그런데 이런 영역들을 별도의 칩으로 만들어서 서로 연결할 때 솔더 범프를 사용하게 된다면 범프 간격을 줄이기 어렵다는 한계 때문에 그 많은 I/O 역시 줄어들게 되고, 그것은 각 영역끼리 동작할 때 줄어든 I/O 때문에 신호 전달에 병목이 생기게 되고, 전기 특성도 저하된다. 하지만 하이브리드 본딩으로 접합이 된다면 솔더 범프 본딩에 비해서 I/O 수를 크게 늘릴 수 있으므로 전기 특성이 크게 나빠지진 않을 수 있다. 두 번째 장점은 〈그림 2-11〉에서 볼 수 있는 것처럼 솔더 범프 본딩에서는 칩과 칩 사이에 범프를 만들 공간이 필요하지만, 하이브리드 본딩에서는 범프가 필요 없으므로 이러한 공간이 필요 없다는 것이다. 이 때문에 하이브리드 본딩은 범프리스(Bumpless) 본딩으로 불리기도 한다. 이렇게 범프를 위한 공간이 필요 없으므로 같은 칩 두께를 가진 칩을 적층한다면 하이브리드 본딩을 통해 적층하는 경우가 전체 두께가 낮아질 것이고, 전체 패키지 두께를 그대로 유지한다면 더 많은 칩을 적층할 수 있게 된다. 그리고 전체 두께와 적층되는 칩의 수를 그대로 유지한다면 각 칩의 두께를 더 두껍게 할 수도 있을 것이다. 이 장점은 HBM 같은 경우에 큰 의미를 갖는다. HBM은 전체 두께가 2.5D 형태로 함께 실장되는 로직 칩의 두께와 같아야 한다. 그러므로 HBM의 두께는 고정된 상태이지만, HBM을 사용하

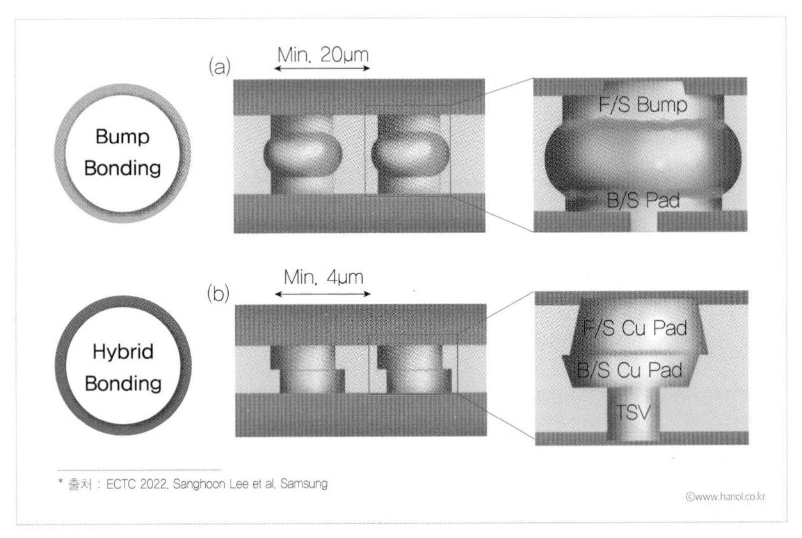

그림 2-11_ Bump bonding(a)과 Hybrid bonding(b)의 비교

는 고객들은 더 많은 메모리 칩이 적층되길 바라고 있고, 이를 위해선 HBM에 사용되는 메모리 칩은 더 얇게 가공되어야 한다. 당연히 얇은 칩을 만들고 핸들링하는 공정의 어려움은 커지는데, HBM에 들어간 칩의 적층 수가 16, 20개로 증가하면 기존의 솔더 범프 본딩으로 적층하기에는 공정의 한계에 도달하게 된다. 결국 HBM에도 하이브리드 본딩이 적용되어야 할 것이다.

하이브리드 본딩의 기본 공정을 〈그림 2-12〉에 표현하였는데, 먼저 금속 패드와 절연층의 표면을 CMP로 평탄화시키고, 표면 처리를 하여 저온 본딩 후 열 처리를 통해 접합시킨다. CMP 공정으로 평탄화할 때 공정 특성상 금속인 구리가 좀 더 에칭(Etching)되는 디싱(Dishing) 현상이 일어난다. 표면 처리 공정에서는 플라즈마 등으로 Cu 표면의 산화물을 없애고, 절연층의 경우 Si의 댕글링 본드를 형성시킨다. 본딩 공정에서는 절연층에 형성된 양쪽 칩의 댕글링 본드(Dangling Bond)[11]들이 서로 공유 결합을 하면서 강한 접합을 이루게 된다. 그리고 어닐링 공정에서는 구리의 디싱된 부분이 열 공정으로 팽창이 일어나면서 양쪽의 금속이 붙고, 상호 확산(Interdiffusion)[12]을 통해 금속

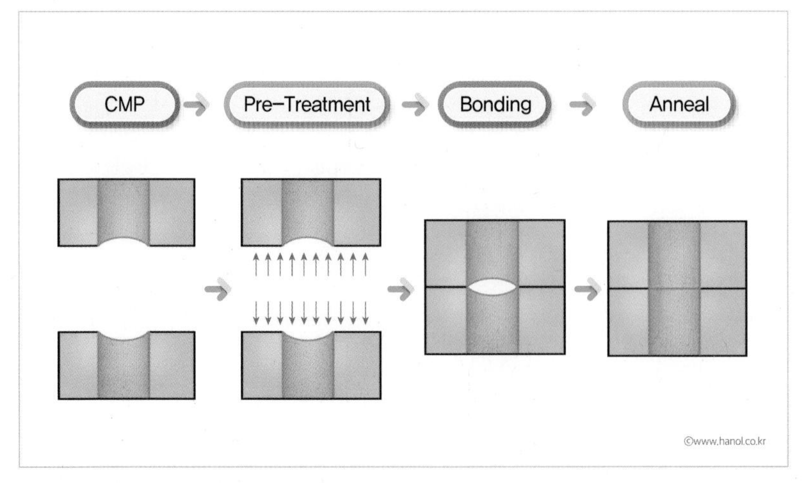

그림 2-12_ Hybrid 본딩의 공정 순서

끼리 강한 본딩을 이루게 된다. 이러한 상호 확산 현상으로 금속인 구리가 녹을 정도의 높은 온도가 아닌 낮은 온도를 인가해 주어도 강한 금속 접합이 형성되는 것이다. 대신에 충분한 상호 확산이 일어나도록 긴 시간 동안 열 처리를 해주어야 한다.

하이브리드 본딩은 웨이퍼와 웨이퍼를 접합하는 공정과 칩과 웨이퍼를 접합하는 공정으로 나눌 수 있는데, 전 공정에서 주로 진행하는 웨이퍼와 웨이퍼의 접합은 패키지 공정에서 진행하는 칩과 웨이퍼를 접합하는 공정에 비해서 상대적으로 더 높은 온도에서 공정을 진행할 수 있다. 하지만 웨이퍼와 웨이퍼를 붙이기 때문에 양쪽의 칩 크기가 같아야 하고, 또한 양쪽 모두 불량이 없는 칩이어야만 한다. 이 때문에 웨이퍼와 웨이퍼의 접합은 많은 수의 적층은 어렵고, 2~3개 정도 웨이퍼의 접합으로 공정이 개발되고 있으며, 3D NAND, 3D DRAM을 구현하기 위해 개발 및 양산에 적용하고 있다. 칩과 웨이퍼를 접합하는 경우는 위에 언급한 것처럼 HBM에서 한정된 두께에 더 많은 칩을 적층해야 하는 경우, 칩렛과 같이 많은 I/O로 접합해야 하는 경우에 적용될 것이다. 칩과 웨이퍼를 접합하는 경우엔 추가적인 공정이 필요한데, 웨이퍼의 경우엔 CMP 후 표면 처리 공정이 바로 진행되지만, 칩의 경우엔 웨이퍼를 CMP 후에 칩 단위로 분리해 주는 다이싱 공정이 표면 처리 공정 전에 필요하다. 그리고 본딩의 경우엔 C2W(Chip to

11 **댕글링 본드(Dangling Bond)** : 결정 표면 또는 내부에서 원자들이 주위의 원자와 결합을 하는데, 정상적인 결합을 하지 못하고 결합 부위가 절단되어 있는 곳을 댕글링 본드라고 하고, 이 곳은 정상적인 결합을 해서 안정화시키려는 경향이 강해서 다른 원자나 분자가 접근했을 때 쉽게 결합을 이룬다.

12 **상호 확산(Interdiffusion)** : 확산이란 원자 운동에 의해 원자 등의 물질이 이동하는 것을 의미하는데, 금속의 경우 상호 확산은 금속이 접합했을 때 한쪽의 금속 원자가 접합된 상대 금속 쪽으로 이동, 즉 확산하고, 다른 쪽의 금속 원자도 역시 상대 금속 쪽으로 확산하여, 양쪽에서 모두 확산이 일어나는 현상을 말한다. 상호 확산은 다른 종류의 금속끼리 접합했을 때도 일어나지만, 동종의 금속이 접합했을 때도 일어난다.

Wafer)로 진행하여 계속 적층한 후에 열 처리 공정을 진행해야 한다. 이때 열처리는 전 공정에 비해 온도 제약이 있는데, 이미 형성된 소자들의 특성에 영향을 주지 않는 낮은 온도에서 진행해야 한다.

칩렛을 위한 핵심 기술 - 인터포저(Interposer)

세 번째로 칩렛을 위한 핵심적인 기술은 인터포저이다. 인터포저의 역할과 필요성은 HBM을 위한 2.5D SiP를 설명하면서 언급하였는데, 〈그림 2-13〉은 인터포저가 들어간 2.5D SiP의 단면 모식도이다. 실제 칩렛 기술에서는 SoC를 기능별로 쪼개어 여러 개의 칩으로 만들었지만, 이들을 모두 TSV와 하이브리드 본딩을 이용해서 3D로 적층할 수는 없다. 디자인 측면에서도 어려움이 있겠지만, 로직 기능의 칩을 수직으로 적층한다면 그 중간에 있는 칩은 상대적으로 열에 취약하게 되어 전체 특성에 영향을 줄 수 있다. 그러므로 일부 칩들은 인터포저 위에 2D로 배치하여 연결해야 한다.

처음 2.5D를 위한 인터포저를 고려할 때는 3가지 후보가 있었다. 실리콘(Si) 인터포저, 유리(Glass) 인터포저, 유기(Organic) 인터포저이다. 실리콘은 기존의 실리콘 웨이퍼 공정 기술을 사용하는 것이어서 공정이 안정되어 있고 제조 인프라도 갖춰져 있다는 장점 때문에 널리 사

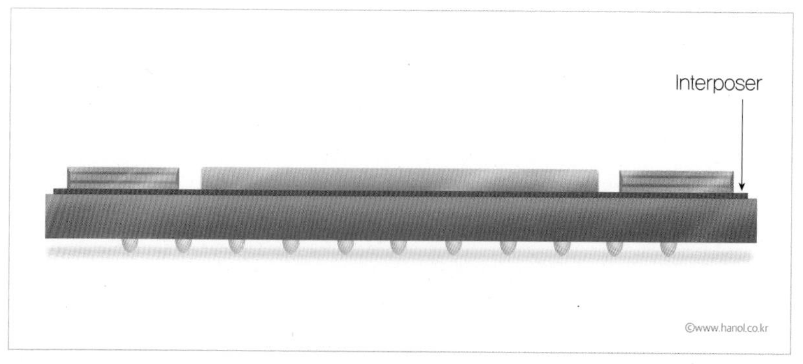

그림 2-13_ 인터포저를 사용한 2.5D SiP의 단면도

용되었다. 그런데 실리콘을 사용하다 보니 제조 비용이 비싸다는 단점 때문에 다른 대안을 생각하게 되었고, 그것이 유리 인터포저와 유기 인터포저이다. 유리 인터포저는 미국 조지아텍을 중심으로 활발히 연구되고 아사히, 코닝 등의 유리 제조 회사에서 적극 후원하였지만, 유리에 비아를 만드는 TGV(Through Glass Via) 공정과 그것을 금속으로 채우는 공정이 안정되지 못하였고, 신뢰성 검증도 충분히 이루어지지 않아서 널리 사용되진 못했다. 유기 인터포저는 정확히는 별도의 인터포저가 아니라 기판인 서브스트레이트에서 칩이 부착되는 부분만 인터포저에 사용되는 미세한 금속 패턴을 만들겠다는 개념이었다. 그 때문에 2.5D와 차별하고, 기존의 2D는 아니라서 2.1D라고 명칭하기도 했다. 하지만 서브스트레이트 제조 공정에서 미세 패턴을 구현하다 보니 수율이 낮아져 공정 비용이 올라감으로써 결국 실리콘 인터포저에 비해서 비용이 저렴한 게 아니라 오히려 비싸지는 경향이 생겨 사용되진 못했다.

©Photo by Camtek

실리콘 인터포저가 대세가 되어 사용되었지만, 칩렛 기술로 기존 SoC를 2.5D로 구현해야 하고, 더불어 채용해야 할 메모리, 즉 HBM의 개수도 늘어남에 따라 인터포저의 크기가 계속 커지게 되었다. SoC가 계속 커져서 300mm Si 웨이퍼에서 수율이 크게 낮아지는 현상이 실리콘 인터포저에서도 반복된 것이다. 인터포저가 계속 커져야 하는 기술 트렌드상 실리콘 인터포저로는 한계가 있고, 다른 대안을 찾아야 했다. 그래서 다시 유리 인터포저도 고려하게 되었다. 유리 인터포저는 판넬 파입으로 만들어지기 때문에 크기가 큰 인터포저 대응이 실리콘보다는 유리하였기 때문이다. 그리고 동시에 다른 대안들도 나오게 되었는데, 그것이 RDL 인터포저와 Si 브리지(Bridge) 기술이다.

RDL 인터포저는 팬아웃 WLCSP 기술을 이용한 것이다. 판넬 타입의 팬아웃 WLCSP 기술을 사용해서 칩렛 칩들과 HBM 등의 메모리들을 배열하고, RDL 패턴을 인터포저에 사용되는 미세 패턴으로 구현하여 서로 연결한 후 솔더 범프를 만들어 서브스트레이트에 붙이게 하는 구조이다. 판넬 타입의 팬아웃 기술을 사용하기 때문에 크기가 큰 인터포저를 구현할 수 있는 것이다. RDL 인터포저는 어떤 이들은 유기 인터포저라고 부르기도 하는데, 이는 2.1D로 언급되는 기술과는 차별을 두어야 해서 어떤 이들은 2.3D라고 부르기도 한다. 또 다른 인터포저 기술은 Si 브리지 기술인데, 이것은 인텔이 제안한 EMIB(Embedded multi-die Interconnect Bridge)의 개념에서 시작되었다.

인터포저의 역할이 인터포저 위에 올라간 칩들 간의 통신을 위한 배선 형성이 주 역할이라는 점에서 착안한 것으로 칩들 간의 연결만 브리지 역할을 하는 실리콘 칩으로 만들어서 미세 패턴을 구현하고, 다른 쪽은 여유 있는 패턴을 만든다는 개념이다. 인텔의 제안은 그러한 브리지 역할을 하는 작은 실리콘 칩을 서브스트레이트에 임베디드하겠다는 것이고, TSMC의 CoWoS-L 같은 개념은 팬아웃 WLCSP를 구현하면서 칩 사이에 브리지 칩을 넣어 연결하겠다는 것이다.

〈표 2-4〉에서 각 인터포저 기술에 대한 단면 모식도와 장점 및 단점을 정리 비교하였다.

표 2-4_ 인터포저 타입별 장단점 비교

구 분	구 조	공 정	장 점	단 점
Si	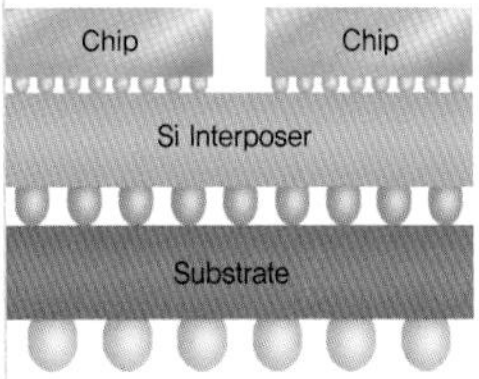 Chip Chip Si Interposer Substrate	Wafer	• 공정이 안정적 • 미세 패턴 구현이 비교적 쉽다.	• 비싸다.
Glass	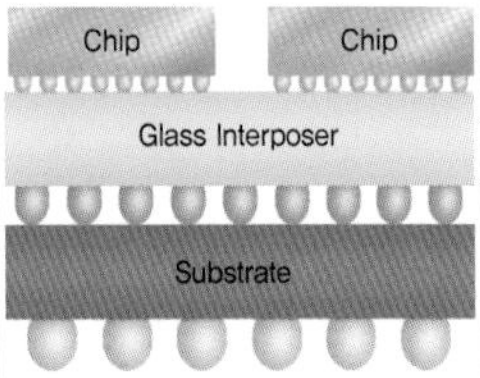 Chip Chip Glass Interposer Substrate	Panel	• 비용이 비교적 낮다. • Grinding이 필요 없다.	• 공정 안정화가 필요하다.(TGV) • 균열에 취약하다.
Organic	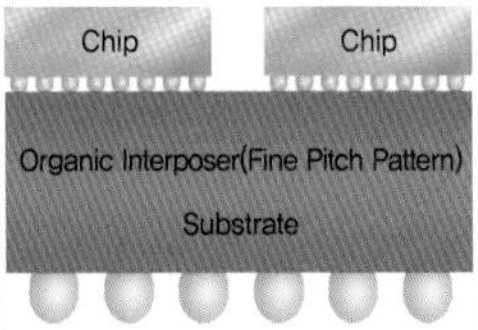 Chip Chip Organic Interposer(Fine Pitch Pattern) Substrate	Panel	• 비용이 낮다.	• 수율이 낮아서 비용이 증가할 수 있다. • 미세 패턴 구현이 어렵다.
RDL	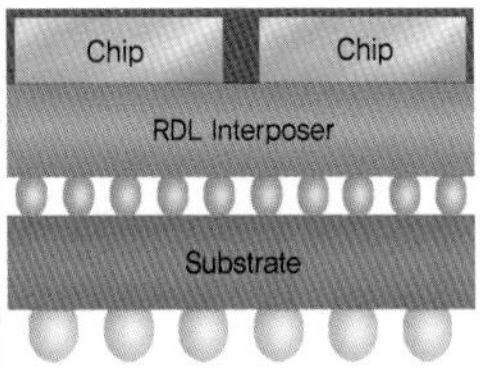 Chip Chip RDL Interposer Substrate	Wafer/ Panel	• 비용이 낮다. • Organic 보다는 더 미세 패턴 가능	• Si 보다는 미세 패턴이 어렵다.
Si Bridge	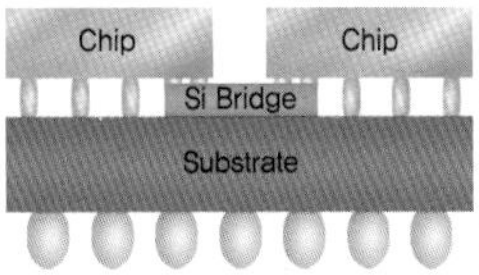 Chip Chip Si Bridge Substrate	Wafer/ Panel	• 비용을 줄일 수 있다. • 공정이 안정적 • 미세 패턴 구현이 쉽다.	• Align이 어렵다.

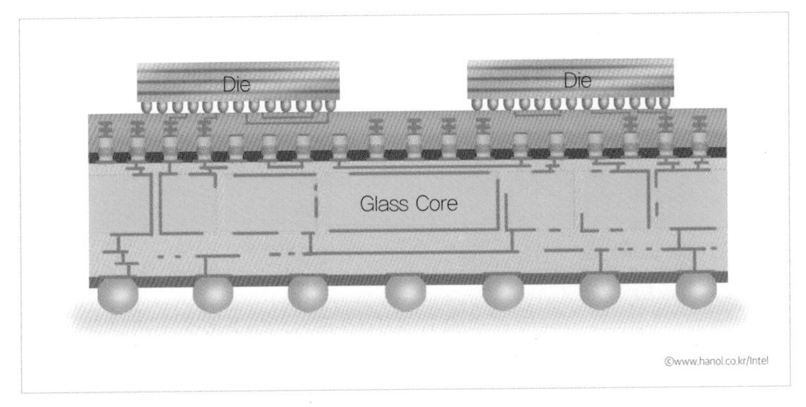

그림 2-14_ Glass substrate를 이용한 패키지 단면도

유리 기판(Glass Substrate)의 가능성

인터포저에 칩들을 올리고, 그것을 다시 서브스트레이트에 붙이는 것은 어찌 보면 구조적 중복으로 보이고, 더 단순화시킬 수 있을 것 같아 보인다. 그래서 서브스트레이트 제작 업체에서 인터포저와 서브스트레이트를 합치는 2.1D 구조를 제안하고 개발했던 것이다. 그러면 역으로 인터포저가 서브스트레이트 역할을 할 순 없을까?

인터포저에 서브스트레이트에 형성하였던 금속 배선층들을 만들고 패키지용 솔더 볼을 붙이는 공정은 당연히 가능하다. 다만 가격 경쟁력과 신뢰성 검증의 이슈가 있다. 예를 들어 실리콘 인터포저에 배선층을 더 형성하고 패키지용 솔더볼을 붙여서 구조를 만드는 것은 기술적으로 충분히 가능하겠지만, 실리콘의 비싼 가격을 생각하면 현실적이지 않는 방법이다.

하지만 유리(Glass)는 어떨까? 유리 인터포저가 아니라 〈그림 2-14〉에서 단면 모식도로 표현된 것처럼 유리 코어(Core)의 양면에 배선이 있는 유리 기판(서브스트레이트)을 만들어 그 위에 칩을 붙이고, 아래에는 패키지용 솔더 볼을 붙여 SiP 패키지를 만드는 것이다. 이런 유리 기판은 여러 가지 장점을 가질 수 있는데, 미세 패턴 구현이 가능하므로 별도의 인터포저가 필요 없다. 또한 기존의 유기(Organic) 기판에 비해서 휨(Warpage)이 적고, 실리콘 칩들과 비교해서 열팽창 계수 차이도 적어도 신뢰성에서 유리할 수 있다. 그리고 유기 기판에 비해서는 열적 안정성이 좋으므로 상대적으로 더 높은 온도에서 공정이 가능하다. 패키지에서 특성 향상을 위해 배선을 금속이 아닌 광(light)섬유를 사용하는 경우가 온다면 유리 기판인 경우 광섬유 없이도 칩들간 통신에 광을 사용하기가 쉬워진다. 이러한 장점들 때문에 다음 세대의 기판으로 유리 기판이 논의되고 있다. 다만 아직 안정적인 유리 기판 양산을 위한 기술 성숙도가 낮고, 실제 사용 환경에서의 신뢰성 검증 결과가 부족하여 양산 적용이 당장은 어렵지만, 언젠가는 이 유리 기판이 사용될 거라고 예측할 수 있다.

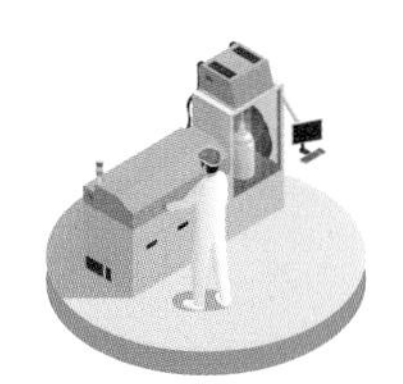

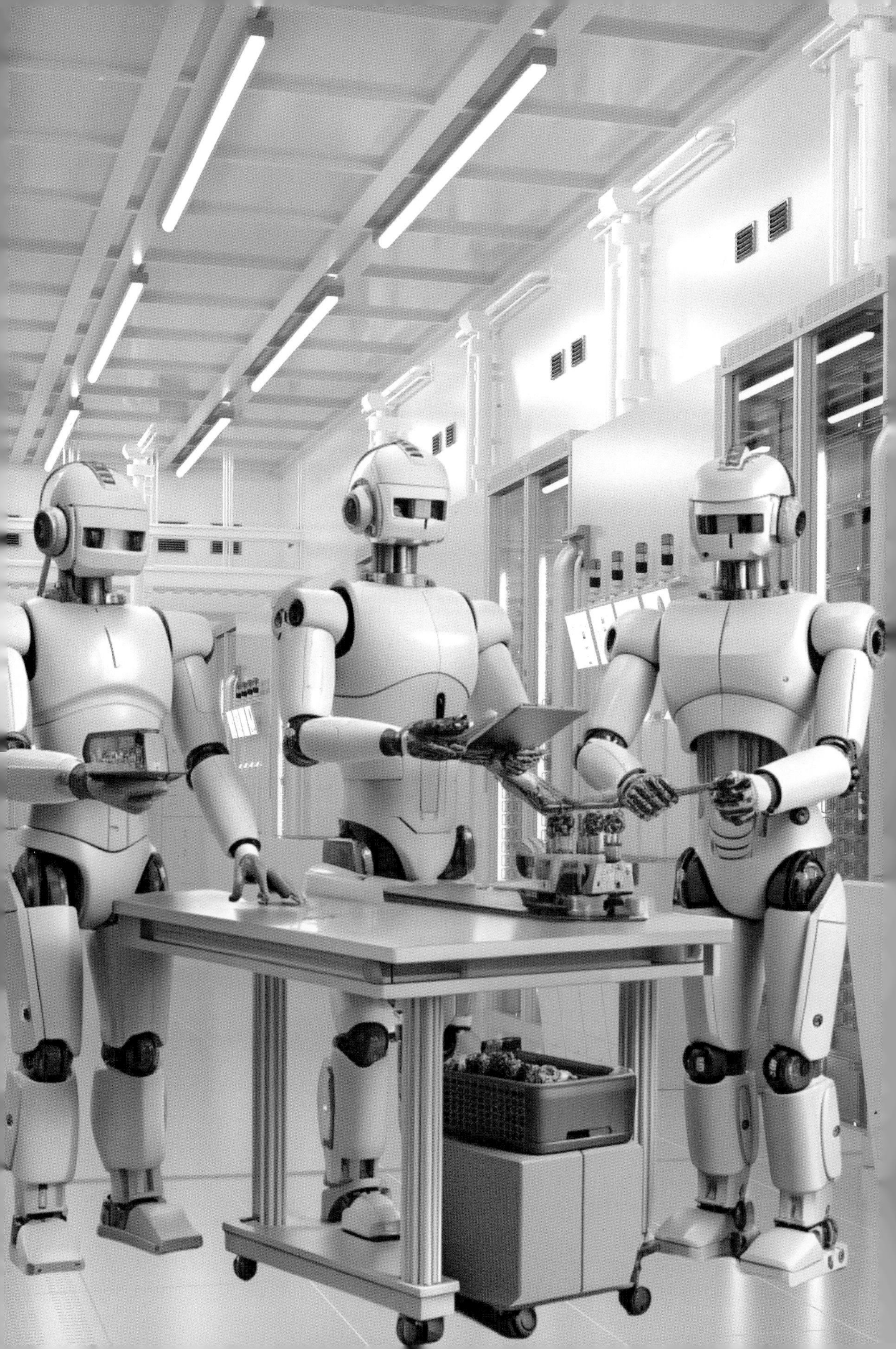

Chapter 03

패키지 설계와 해석

1

반도체 패키지 설계

〈그림 3-1〉은 반도체 패키지 설계의 업무 내용을 표현했다. 반도체 패키지 설계는 먼저 칩에 대한 정보인 칩 패드(Chip Pad) 좌표, 칩 배열(Layout), 패키지 내부 연결(Package Interconnection) 정보들을 칩 설계 부서로부터 받아야 한다. 그리고 패키지 재료에 대한 정보를 기초로 패키지 양산성, 제조 공정, 공정 조건, 장비 특성이 고려된 디자인 규칙(Design Rule)을 적용하여 반도체 패키지 구조와 서브스트레이트, 리드프레임 등을 설계한다. 이때 패키지 개발 과정에 따라 설계 업무 산출물이 나오는데, 개발 초기에 패키지 가능성을 검토 후 칩 및 제품 설계자들에게 피드백해야 한다. 가능성 검토가 완료되면 패키지(Package) 도면, 툴(Tool) 도면, 리드프레임(Leadframe) 도면, 서브스트레이트(Substrate) 도면을 작성한 후 제작업체에 주문해서 웨이퍼 공정이 완료된 웨이퍼가 패키지 공정에 도착하기 전에 툴과 리드프레임 재료, 서브스트레이트들을 준비해야 한다. 그리고 패키지 공정을 위해서 와이어 또는 솔더 범프 연결을 위한 도면을 작성하여 패키지 공정 및 제조 엔지니어들에게 미리 공유해야 한다.

이러한 업무 내용 때문에 반도체 패키지 설계 엔지니어들은 시스템 업체에서 요구하는 패키지 솔더 볼 배열(Layout)과 칩의 패드 배열

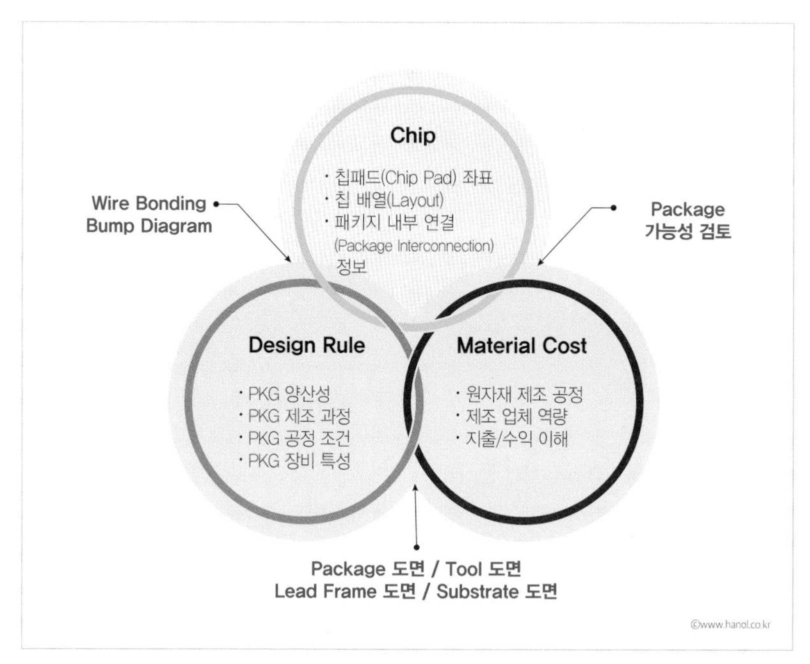

그림 3-1_ 반도체 패키지 설계의 업무 내용

(Sequence)을 배선이 가능한지 연결해보고, 가검토(Pre-Design)를 통해 반도체 칩/소자의 특성/공정에 유리하게 패키지 솔더 볼 배열, 패키지 크기 및 스펙(Spec)을 제안한다. 아래 〈그림 3-2〉와 같이 패키지 가능성 검토 초기 단계에서 최적의 패드(Pad) 배치를 제안하고 배선 가능성(Route-Ability) 확보와 특성/작업성 최적화 작업을 한다.

패키지 설계 단계에서는 전기적/기계적/공정 최적화를 위해 전기 해석, 구조 해석, 열 해석을 진행한다. 전기적 특성, 열 특성이 최적화되고, 공정도 최적화될 수 있게 설계에 반영하는 것이다. 또한 품질 문제 예방을 위하여 소재/공정/장비를 고려한 설계 규칙(Design Rule)을 만들고, 주기적으로 점검하여 필요시 제정 및 개정한다.

고속화, 고집적화, 고성능화되어 가는 반도체 업계의 요구를 충족하기 위해 패키지에서 솔더 볼을 만들어 패키지와 PCB 기판을 연결하

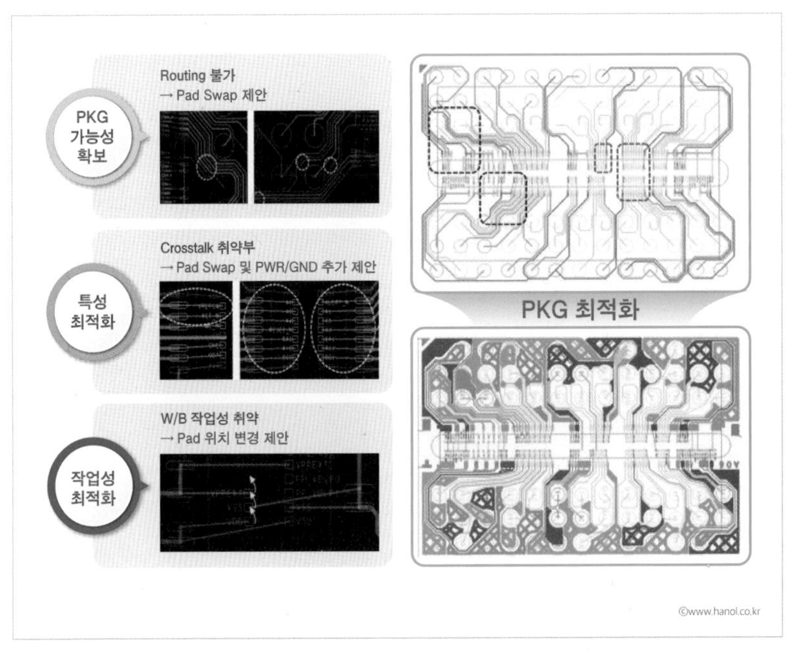

그림 3-2_ 반도체 패키지 설계의 업무 과정 - 가능성 검토 → 배선 가능성 검토 → 패키지 최적화 설계

는 핀의 수는 늘리고, 더 많은 배선을 넣어서 전기 특성을 강화하고 있다. 이 때문에 기판 서브스트레이트, 리드프레임, PCB 등의 설계는 점점 더 미세하고 복잡해지고 있다. 하지만 이에 대한 대응은 한계가 있다. 패키지 업체뿐만 아니라 기판 등을 제조하는 제조사의 공정 능력에 따라 다르기 때문이다. 이에 패키지 설계에서는 규칙을 만들어 칩 설계자, 기판 제조사, 패키지 공정과 소통하면서 관리하며 주기적으로 업데이트한다.

예를 들면, 패키지 공정 엔지니어와 서브스트레이트 제조사의 공정 엔지니어들은 시스템에서 요구하는 전기적 특성 요구치를 만족하기 위해서 패키지용 솔더 볼에 대한 크기와 간격(Pitch) 및 신호 배선의 넓이(Width)와 배선 간 간격(Space)을 줄이기 위해 노력하고 있다. 또한, 도면을 설계할 때 관리하는 설계 규칙에는 패키지의 공정 능력 한

계치에 대한 공차[1] 관리와 기판 제조업체에서 제공 가능한 서브스트레이트의 공차 관리 사항 등이 물리적인 규격으로 지정되어 있다.

공정 능력 외에 전기적 규격이 까다로운 제품군이 요구하는 전기적 특성을 만족시키기 위한 공차 관리도 지정한다. 즉, 도면으로 관리하여 공정 능력부터 전기적 규격까지 관리 항목을 지정하고 있다. 전기적 규격을 맞추기 위해 사전 검증된 설계 데이터를 기반으로 도면화하여 ① 각 고속용 신호 배선(High Speed Signal Line)에 대해 관리 및 공차 지정, ② 각 신호 배선(Signal Line)의 임피던스(Impedance) 정합성 관리를 위한 유전체 두께 관리 및 공차 지정, ③ 최적의 저전력(Low power) 설계를 위한 비아 크기 및 관리, 공차 지정을 순차적으로 진행한다. 또한, 패키지 공정 시 공정 효율과 양산성을 높이기 위해서 기준 표시 패턴을 서브스트레이트 등을 설계할 때 고려하고, 설계 규칙으로 관리한다.

1 **공차** : 작업 능력치에 따라 생기게 되는 수치나 공간의 에러 범위

2 구조 해석

전산 모사 해석은 특정 상황에서의 현상을 이해하고자 이미 도출된 일반식을 특정 조건에 적용하고, 이를 전산(Computing)의 힘을 빌려 해를 도출하는 것으로 다음 4단계로 진행된다.

먼저 ① 자연 현상을 지배하는 인자와 인자 간의 관계를 수학적으로 표현하며(지배 방정식-Governing Equation), ② 해석의 대상이 되는 현상을 전산 모사가 가능하도록 모델링하고, ③ 이 모델에 지배 방정식을 적용하여 수학적으로 계산하며, ④ 그 결과를 현상에 적용하여 분석(Analysis)하는 것이다. 전산 모사 해석의 방법은 크게 유한차분법/유한요소법/유한체적법 등으로 구분된다. 반도체 구조 해석에서는 유한요소법(Finite Element Method, FEM)이 가장 널리 사용된다. 유한요소법의 공학적 의미는 무한(Infinite) 개의 절점과 자유도를 유한(Finite) 개의 절점과 자유도로 전환해 선형 연립방정식으로 구성해 전산으로 계산하는 방법이다.

해석 모델은 요소(Elements)라 불리는 유한 개의 빌딩 블록(Building Block)들로 이루어진다. 각 요소는 유한 개의 점과 지배 방정식을 갖게 되며, 이 수식을 풀어 값을 얻는다. 구조 해석의 주요 항목을 이해하기 위해서는 몇 가지 용어에 대한 이해가 필수다. 가장 중요한 3가지만 설명하면 포와송 비(V : Poisson's Ratio), 열팽창 계수(Coefficient of Thermal Expansion, CTE), 응력(Stress)이다.

물체를 길이 방향 양쪽에서 잡아당기면, 즉 물체가 인장력을 받으면 길이 방향으로 늘어나는 동시에 지름 방향으로는 수축한다. 마찬가지로 길이 방향 양쪽에서 누르면, 즉 물체에 압축력을 주면 힘의 방향으로 줄어들지만 지름 방향으로는 늘어난다. 이때 이 막대기의 길이 방향으로 단위 길이당 변화량과 지름 방향으로 단위 길이당 변화량의 비를 '포와송 비'라고 말한다.

온도 변화에 의해 재료의 길이가 변하는데, 일반적으로 온도가 상승하면 재료는 팽창하고 온도가 감소하면 재료는 수축한다. 보통 팽창이나 수축은 온도 증가나 감소와 선형적인 관계를 이룬다. 이는 '열팽창 계수'라 부른다. 응력은 물체에 외력이 작용했을 때 그 외력에 저항하여 물체의 형태를 그대로 유지하려고 물체 내에 생기는 내력을 의미하며, 단위는 압력으로 표현한다.

반도체 패키지에서 구조 해석을 활용하는 주요 항목 중 가장 대표적인 3가지는 패키지의 휨(Warpage), 솔더 접합부 신뢰성(Solder Joint Reliability) 그리고 패키지 강도인데, 이들에 대해 간략히 설명하겠다.

휨(Warpage) 해석

패키지 공정 중 온도가 인가되고 다시 상온으로 온도가 감소함에 따라 이종 재료 간의 열팽창 계수에 차이가 생기고 패키지가 휘어지며 불량이 발생할 수 있다. 그래서 제품의 구조 및 재료의 탄성 계수(Elastic Modulus)[2], 열팽창 계수, 공정 온도와 시간 등을 인자로 구조 해석을 진행하면 휨을 예측하고 불량이 발생하지 않게 개선할 수 있다.

2 **탄성 계수(Elastic Modulus)** : 고체 역학에서 재료의 강성도(Stiffness)를 나타내는 값으로 응력과 변형도의 비율로 정의

솔더 접합부 신뢰성(Solder Joint Reliability)

솔더는 반도체 패키지와 PCB 기판 사이에서 기계적·전기적 연결 역할을 한다. 솔더 접합부의 신뢰성은 매우 중요하며 패키지를 만들기 전에 구조 해석을 통해 솔더 접합부의 신뢰성을 분석하여 패키지 구조나 재료를 개선, 솔더 접합부의 신뢰성을 확보해야 한다.

솔더의 파괴 기구(Failure Mechanisms)는 주로 평면 방향의 수축에 의한 전단(Shear) 균열과 축 방향 인장에 의한 인장(Tensile) 균열의 조합으로 나타난다. 솔더 접합부에 대한 구조 해석은 여러 공정 조건이나 사용 조건에서 솔더 접합부에 인가되는 응력의 정도를 해석하여 진행한다.

강도 해석

패키지는 외력으로부터 칩을 보호하는 기능을 하며, 외력에 대한 강건성을 대표하는 것이 패키지 강도이다. 제품의 강건성 판정을 위해서는 일반적으로 3점 구부림(3 Point Bending) 또는 4점 구부림(4 Point Bending)과 같이 만능재료시험기(UTM)[3]를 활용한 패키지 강건성 시험을 실시하여 파단 강도를 구한다. 구조 해석에서는 이러한 만능재료시험기 시험을 모사하여 패키지 각 영역에서의 응력을 도출하고, 특정 소재의 파단 강도를 참고(Reference)로 하여 제품의 파단 강도를 예측한다.

[3] **만능재료시험기(UTM)** : 재료의 강도를 측정하는 장비로 설정 하중으로 시험편을 당기거나 압축하여 인장 강도, 굽힘 강도, 압축 강도를 측정하는 시험기

3 열 해석

전자 기기는 동작 시 전력을 소모하며 열이 발생한다. 이때 발생한 열로 반도체 제품을 포함한 부품의 온도도 상승하는데, 이것은 전자 장비의 기능/신뢰성/안전성에 문제를 일으킨다. 그러므로 전자 장비는 적절한 냉각 시스템을 통해 어떠한 환경에서도 부품의 온도를 특정 수준 이하로 유지할 수 있어야 한다.

이 때문에 효과적인 열 발산이 반도체 패키지의 중요한 역할 중 하나가 된다. 따라서 동작 시 칩에서 발생하는 열과 패키지 재료 및 구조의 열 발산 효과, 그리고 반도체 패키지가 시스템에 적용되었을 때 환경에 의한 온도 영향 등을 열 해석을 통해서 정확히 이해하고, 패키지

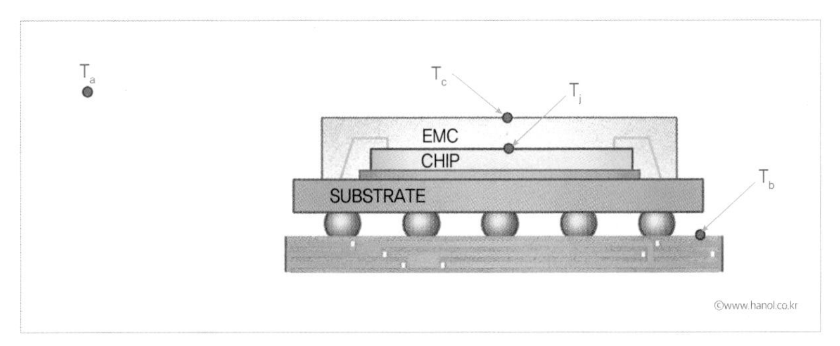

그림 3-3_ 패키지의 주요 온도 지점

표 3-1_ 패키지 열 특성 종류

기 호	명 칭	수 식
Θ_{ja}	Junction-to-Ambient / Thermal Resistance	$(T_j - T_a) / P$
Θ_{jc}	Junction-to-Case / Thermal Resistance	$(T_j - T_c) / P$
Θ_{jb}	Junction-to-Board / Thermal Resistance	$(T_j - T_b) / P$

설계 시에도 미리 반영해야 한다.

반도체 패키지에서 열 해석을 시행하고 활용하기 위해선 먼저 패키지의 주요 온도 지점을 정의할 필요가 있다. 패키지의 주요 온도 지점은 T_a[주변(Ambient) 온도], T_j[정션(Junction) 온도], T_c[케이스(Case) 온도], T_b[보드(Board) 온도] 등인데, 〈그림 3-3〉에서는 패키지 모식도의 각 온도 지점을 표시하였다.

보통 패키지의 온도 스펙을 이야기할 때 온도는 T_j, max 또는 T_c, max이다. 이는 반도체 소자의 정상 동작을 보장하는 최대 온도를 의미한다.

패키지에서 가장 중요한 방열 특성은 패키지 열 특성(Thermal Characteristic or Thermal Resistance)이다. 패키지 열 특성은 1W의 열이 칩에서 발생할 때 반도체 제품의 온도가 주변 온도 대비 얼마나 증가하는지 나타내는 지표로, 단위는 [℃/W]다. 패키지 열 특성은 제품마다, 환경 조건마다 달라진다. 대표적인 열 특성 종류는 ja, jc, jb 등이 있으며, 이들의 정의는 〈표 3-1〉에서 확인할 수 있다. 이 값으로 열에 대한 패키지의 저항, 내성 등을 알 수 있다.

4 전기 해석

반도체 칩이 고속화, 고밀도화되면서 반도체 전체 제품의 특성을 만족시키는 데 패키지도 큰 영향을 준다. 특히, 고성능의 반도체 칩을 패키지로 만드는 경우, 패키지 상태에서 정확한 전기 해석(Electrical Simulation)이 반드시 필요하다. 전기 해석은 모델을 만들고, 이를 이용해 고속 디지털 시스템에서 데이터 전송 타이밍(Timing)과 신호의 품질(Quality), 형태의 정확성을 예측한다.

패키지 전기 해석을 위한 전기 모델의 기본 요소는 저항(Resistance), 인덕턴스(Inductance), 캐패시턴스(Capacitance)이다. 저항은 전류의 흐름을 방해하는 정도로, 물체에 흐르는 단위 전류에 반비례한다(단

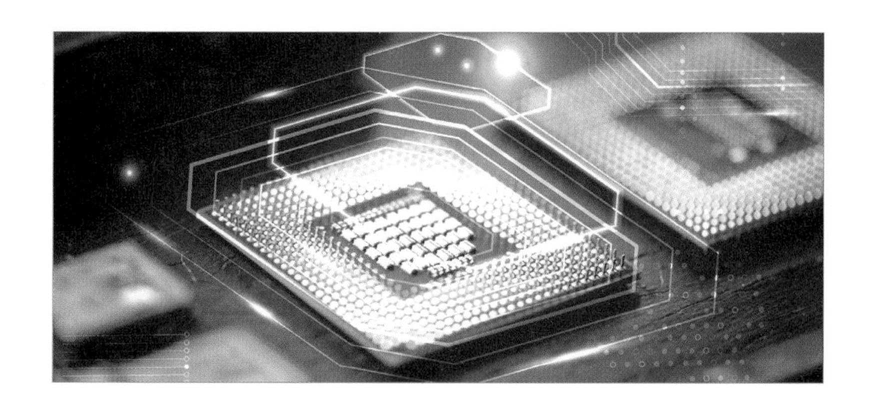

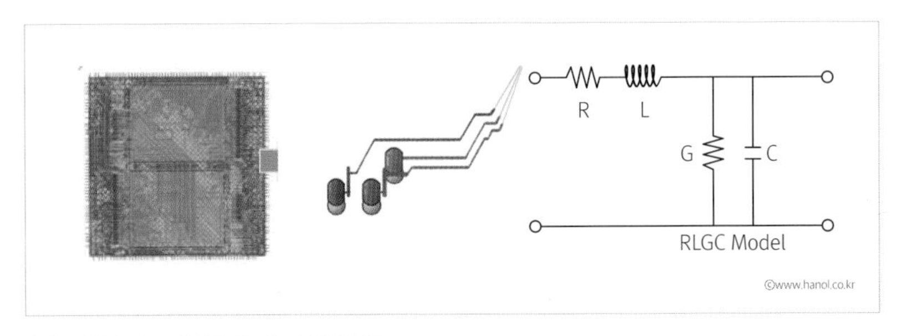

그림 3-4_ 패키지 RLGC 모델의 예

위 : Ω). 인덕턴스는 회로에 흐르는 전류의 변화에 의해 전자기 유도로 생기는 역기전력의 비율(단위 : H)이다. 그리고 캐패시턴스는 전하를 저장할 수 있는 능력을 나타내는 물리량으로 단위 전압에서 축전기가 저장하는 전하(단위 : F)이다. 전기 해석 시 패키지는 RLGC 모델로 표현하며 위의 〈그림 3-4〉는 RLGC의 모델 예를 보여준다.

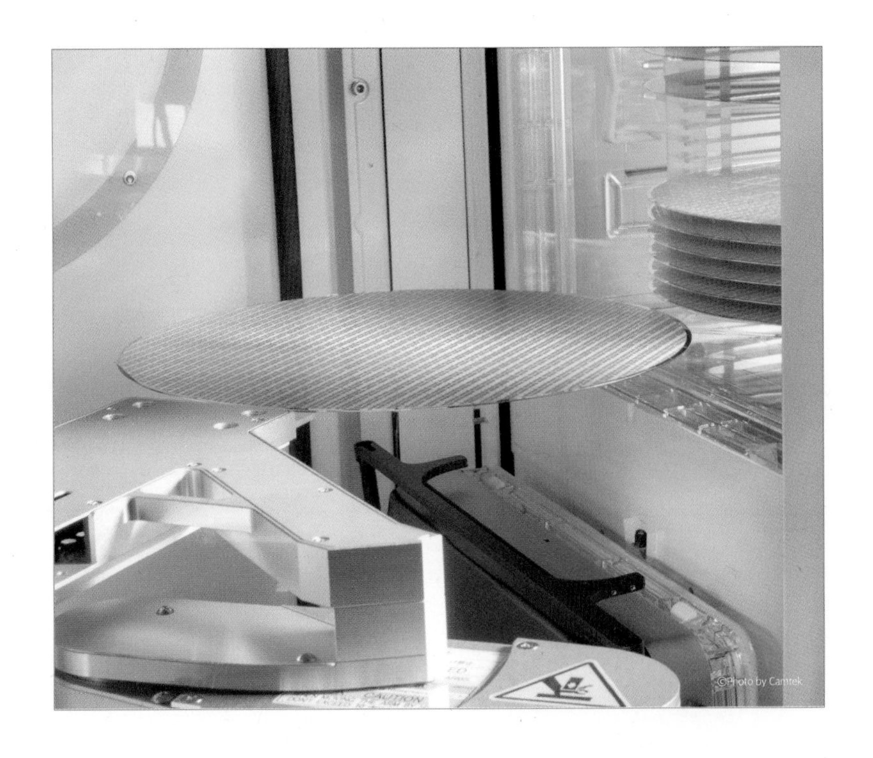

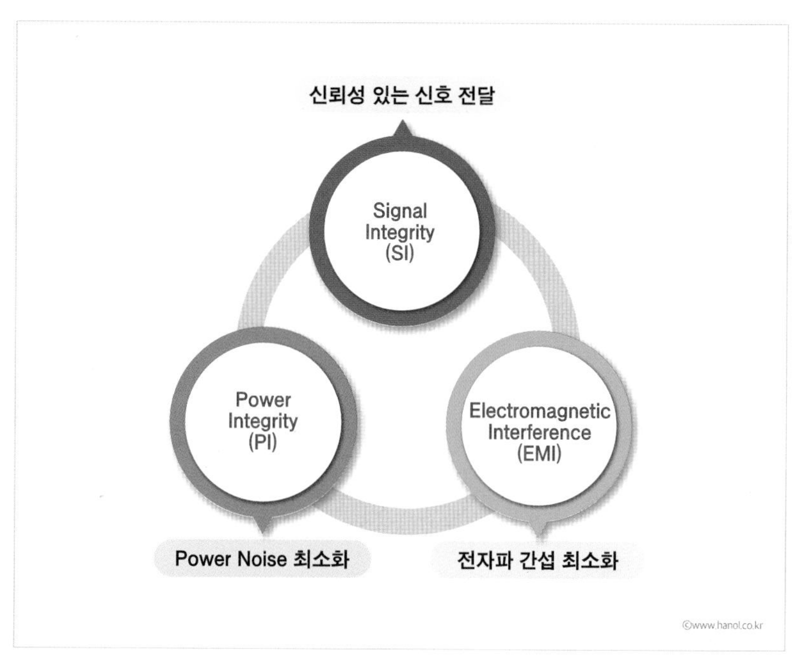

그림 3-5_ 전기 해석 영역

그리고 RLGC 모델을 활용해 〈그림 3-5〉에 나타낸 것과 같이 가장 중요한 특성들인 SI(Signal Integrity)[4], PI(Power Integrity)[5] 그리고 EMI(Electromagnetic Interference)[6] 특성을 예측한다.

4 **SI(Signal Integrity)** : 신호 무결성을 의미하며, 전기적 신호에 대한 품질을 나타내는 척도이다. 전기적 신호 패턴이 잡음(noise) 없이 얼마나 깨끗하게 전달되는지를 나타내는 것이다.

5 **PI(Power Integrity)** : 전원 무결성을 의미하며, 파워가 손실 없이 얼마나 깨끗하게 전달되는지를 나타낸다.

6 **EMI(Electro-Magnetic Interference)** : 전자파 간섭을 의미하며, 회로나 제품의 동작으로 인해 얼마만큼의 잡음(Noise)이 발생하여 주변 회로나 제품에 영향을 주는지를 나타낸다.

Chapter 04

컨벤셔널 패키지 공정

1 컨벤셔널 패키지 공정 순서

〈그림 4-1〉은 컨벤셔널(Conventional) 패키지[1] 중 플라스틱(Plastic) 패키지 공정의 순서를 나타낸 것이다. 리드프레임 타입 패키지와 서브스트레이트 타입의 공정 전반부는 비슷하다. 하지만 후반부 연결 핀 구현 방법의 차이 때문에 공정에도 차이가 생긴다.

테스트 완료된 웨이퍼가 패키지 라인에 도착하면 먼저 백 그라인딩으로 원하는 두께가 될 때까지 갈아낸다(Back Grinding). 그리고 칩 단위로 분리될 수 있도록 웨이퍼를 절단한다(Wafer Sawing). 이후에 양품으로 판정된 칩들만 떼어내서 리드프레임이나 서브스트레이트에 붙여준다(Die Attach). 그리고 칩과 기판을 와이어(Wire)로 전기적 연결을 해준다(Wire Bonding). 그다음에 칩을 보호하기 위해서 EMC로 몰딩해 준다(Molding). 여기까지는 리드프레임 타입(Leadframe Type) 패키지나 서브스트레이트 타입(Substrate Type) 패키지 모두 유사하다.

이후에 리드프레임 타입 패키지는 리드를 각각 분리하는 트리밍(Trimming)[2], 리드의 끝부분에 솔더를 도금해 주는 공정(Solder Plating), 마지막으로 하나의 패키지 단위로 분리하고 리드를 시스템 기판에 붙일 수 있게 구부려 주는 공정(Forming)을 거친다.

서브스트레이트 타입 패키지는 몰딩 이후에 서브스트레이트 패드

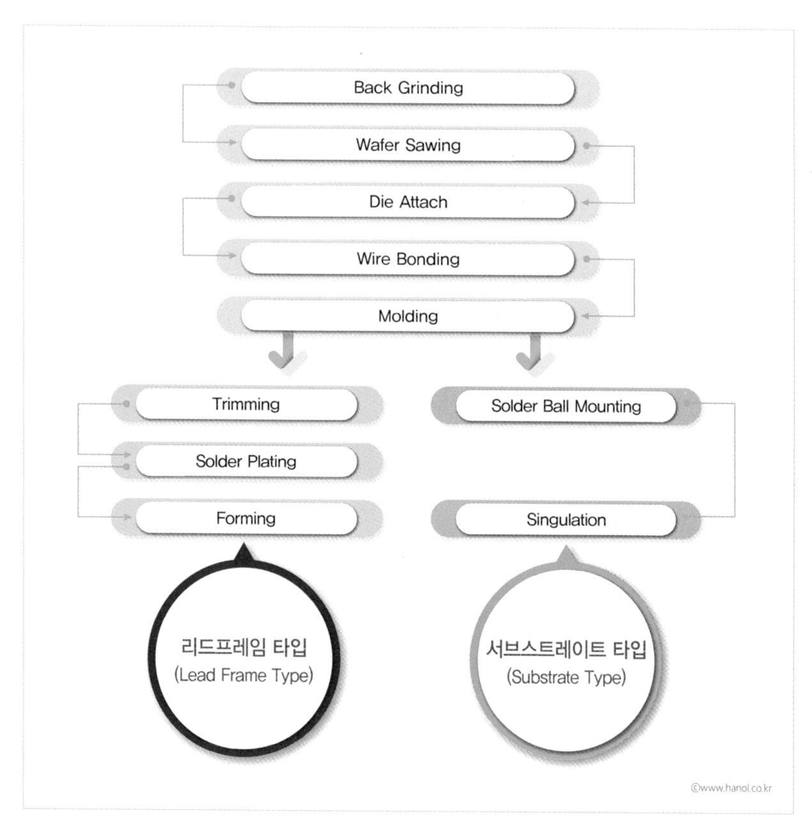

그림 4-1_ 컨벤셔널 패키지 공정 순서

(Substrate Pad) 부분에 솔더 볼을 붙이는 공정(Solder Ball Mounting)을 진행한 뒤 이것들을 하나하나의 패키지로 잘라내는 공정(Singulation)으로 마무리한다. 여기에서는 서브스트레이트 타입 패키지 공정 위주로 좀 더 자세히 설명하겠다.

1 **컨벤셔널 패키지** : 웨이퍼를 칩 단위로 먼저 잘라서 진행하는 패키지 공정. 참고로 웨이퍼 레벨 패키지는 웨이퍼 상태에서 먼저 패키지 공정을 일부 진행 후 자르는 공정을 의미.(자세한 내용은 3장 참조)

2 **트리밍(Trimming)** : 리드프레임 타입 패키지에 적용하는 공정으로, 몰딩 후 각각의 리드 사이를 연결해 주던 댐바(Dambar)를 절단 펀치(Cutting Punch)로 잘라서(Trim) 제거해 주는 공정

2

백 그라인딩

백 그라인딩(Back Grinding, B/G) 공정은 제작된 웨이퍼를 패키지 특성에 적합한 두께로 만들기 위해 웨이퍼의 뒷면을 가공한 후 원형 틀(Ring Frame)에 붙이는(Mount) 공정까지 포함한다. 〈그림 4-2〉는 백 그라인딩 과정을 모식도로 표현한 것이다.

웨이퍼의 뒷면을 연마(Grinding)하기 전, 앞면에 보호용 테이프인 백 그라인딩 테이프를 붙인다. 이것은 백 그라인딩 공정 중 회로가 구현된 웨이퍼의 앞면에 물리적인 손상이 생기지 않게 하기 위해서다. 그다음에 휠이 회전하면서 웨이퍼의 뒷면을 연마한다. 이때, 입자의 크기가 큰 휠을 이용하여 목표 두께 근처까지 빠른 속도로 그라인딩한 뒤, 고운 입자를 가진 휠을 이용하여 목표 두께까지 섬세하게 그라인딩한다. 그리고 입자가 고운 패드로 표면의 거칠기(Roughness)를 다듬는 폴리싱(Polishing)[3] 작업을 해준다.

그라인딩된 면이 거친 경우, 후속 공정 중에 응력이 가해졌을 때 균열이 발생하기 쉽다. 그만큼 칩이 잘 깨지는 것이다. 따라서 폴리싱 공정으로 균열의 시작점이 될 만한 곳이 없도록 표면을 매끈하게 다듬어 칩이 깨질 확률을 줄여주는 것이 중요하다.

칩을 한 개 넣은 패키지는 200~250μm 정도 두께로 그라인딩한다.

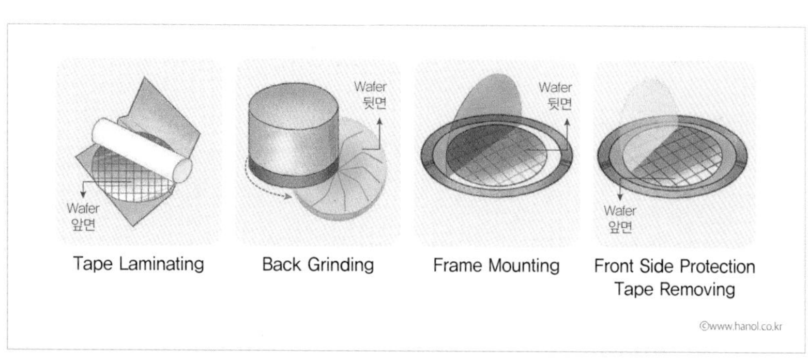

그림 4-2_ 웨이퍼 백 그라인딩 공정 순서

칩 적층을 해야 하는 경우엔 대부분 동일한 패키지 두께에 칩을 더 적층하는 것이므로 그만큼 칩 두께, 즉 웨이퍼 두께를 더 줄여야 한다. 그런데 웨이퍼를 그라인딩하면 반도체 소자를 구현하기 위해 앞면에 진행한 공정 중에 생긴 잔류 응력 때문에 수축이 발생하고 웨이퍼가 스마일 모양으로 휜다. 웨이퍼가 얇아지면 얇아질수록 그 휘는 정도는 점점 더 심해진다. 그러므로 후속 공정이 가능하도록 휜 웨이퍼를 펴서 붙잡아 주어야 한다. 이를 위해 백 그라인딩된 웨이퍼 뒷면에 마운팅 테이프를 붙인 후, 이것을 원형 틀에 붙여 웨이퍼가 펴지게 만들어 준다. 그다음에 웨이퍼 앞면의 소자를 보호하기 위해 붙여놓았던 백 그라인딩 테이프를 다시 떼어주고, 반도체 소자가 노출되도록 하여 백 그라인딩 공정을 완료한다.

3 **폴리싱(Polishing)** : 그라인딩(Grinding)한 웨이퍼의 뒷면을 더 평탄화하는 공정

3 웨이퍼 절단

웨이퍼 절단(Wafer Sawing) 공정은 백 그라인딩을 완료한 웨이퍼의 스크라이브 레인(Scribe Lane)[4]을 절단하여 칩 단위로 분할하는 공정이다. 이는 칩 단위의 패키지 공정 진행을 위해 필요한 작업이며, 다이싱(Dicing) 공정이라고도 부른다.

〈그림 4-3〉은 블레이드(Blade)[5] 다이싱으로 웨이퍼를 칩 단위로 분할하는 공정을 모식도로 나타낸 것이다. 그림의 왼쪽 웨이퍼에서 격자 모양 선으로 보이는 것이 바로 스크라이브 레인이다. 이것은 절단 공정으로 사라질 영역이므로 반도체 소자가 구현되어 있지 않다. 블레이드 다이싱은 휠 끝을 다이아몬드 가루(Grit)로 강화한 톱날이 웨이퍼를 절단하는 것이다. 톱날이 회전하면 작업 공차가 생기므로 스크라이브 레인의 공간을 휠의 두께보다 더 크게 확보해야 한다.

웨이퍼 절단 방법은 블레이드 다이싱 외에도 레이저 다이싱이 있다. 블레이드 다이싱은 블레이드가 물리적으로 웨이퍼에 접촉하기 때문에, 요구되는 두께가 얇아지면서 공정 중에 웨이퍼가 깨지기 쉽다. 그래서 개발된 방법이 레이저 다이싱이다. 레이저 다이싱은 보통 웨이퍼 뒷면에서 레이저를 조사하며, 레이저가 웨이퍼 내에 물리적인 결함을 만들고 나서 마운팅 테이프를 확장시켜 이 결함들이 파괴되면서 웨이

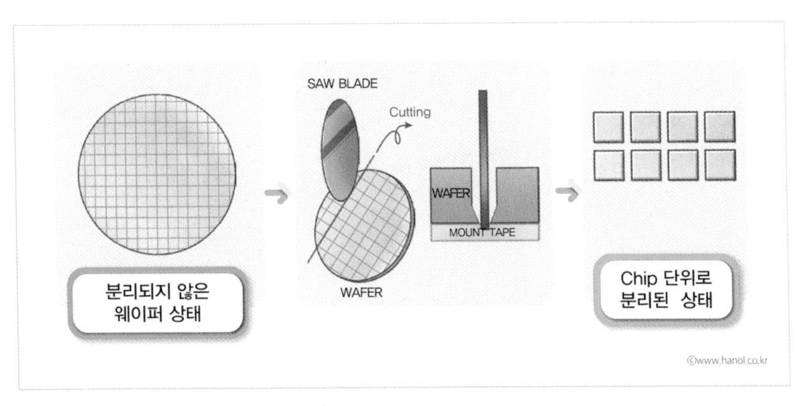

그림 4-3_ 블레이드 다이싱 공정 순서

퍼가 절단되는 공법이다. 이 때문에 레이저 다이싱은 스텔스 다이싱(Stealth Dicing)이라고 부르기도 한다. 레이저로 웨이퍼를 절단하므로 물리적 충격을 주지 않고, 얇은 웨이퍼를 절단하기에도 적합하다. 그리고 절단 면의 손상이 적어 칩의 강도도 높다.

웨이퍼가 얇아지면서 공정 순서를 바꾸어 절단 시 칩의 손상을 줄이는 방법들이 제안되었는데, 이 방법이 DBG(Dicing Before Grinding)이다. 보통의 공정은 백 그라인딩으로 웨이퍼를 얇게 만든 후 얇아진 웨이퍼를 절단하는 것인데, 이 방법은 웨이퍼를 먼저 부분적으로 절단한 후 백 그라인딩을 하고, 마운팅 테이프를 확장(Mounting Tape Expand)[6]하여 완전히 절단하는 공법이다.

4 **스크라이브 레인(Scribe Lane)** : 칩/다이를 웨이퍼에서 자를 때 주변의 소자에 영향을 주지 않고 나눌 수 있게 지정된 적당한 폭의 공간을 지칭. 반도체 공정을 적절히 진행하기 위한 것이나 다양한 고려 사항이 반영됨

5 **블레이드(Blade)** : 웨이퍼를 칩 단위로 분리하기 위해, 또는 공정이 완료된 서브스트레이트 스트립(Strip)을 각각의 패키지 단위로 분리하기 위해 자를 때 사용하는 휠 모양의 톱날

6 **마운팅 테이프 확장(Mounting Tape Expand)** : 스텔스 다이싱(Stealth Dicing)을 위해 웨이퍼에 레이저를 집광하여 데미지를 준 후, 웨이퍼에 붙어 있는 마운팅 테이프를 확장한다. 이때 물리적인 힘이 가해지면서 데미지가 생긴 곳이 깨지며 칩 단위로 다이싱된다.

4

다이 어태치

다이 어태치(Die Attach) 공정은 〈그림 4-4〉에 표현된 것처럼 웨이퍼 절단 공정으로 절단된 칩을 마운팅 테이프에서 떼어낸 후(Pick Up), 접착제(Adhesive)가 도포된 서브스트레이트나 리드프레임에 붙이는(Attach) 공정이다.

웨이퍼 절단 공정 중에는 잘라진 칩이 마운팅 테이프에서 떨어져서는 안 된다. 그러나 어태치 공정에서는 마운팅 테이프에 붙여진 칩을 떼어내야 한다. 이때 마운팅 테이프의 접착력이 너무 강하면 칩을 떼어낼 때 손상이 생길 수 있다. 때문에 마운팅 테이프에 사용되는 접착제는 웨이퍼 절단 시에는 강한 접착력을 유지하고, 칩 어태치 전에 자외선 빛을 쬐면 접착력이 약해지는 재료를 사용한다. 그리고 웨이퍼 테스트에서 양품으로 판정된 칩만을 떼어낸다.

떼어낸 칩은 다시 접착제로 서브스트레이트에 붙여야 하는데, 접착제가 액상인 경우에는 서브스트레이트에 미리 도포해야 한다. 일종의 주사기 같은 디스펜서(Dispenser)로 도포하는 방법과 스텐실 프린팅(Stencil Printing))[7]하는 방법이 있다. 접착제가 고상인 경우에는 주로 테이프 형태인데, 특히 칩을 적층해야 하는 경우에는 테이프 형태를 선호한다. 이 고상 접착제는 DAF(Die Attach Film) 또는 WBL(Wafer

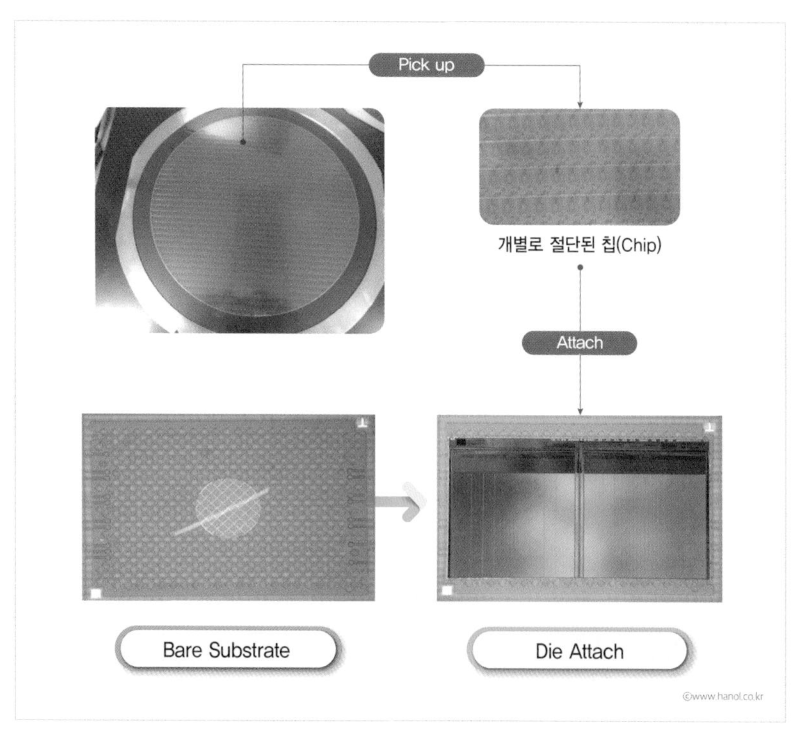

그림 4-4_ 다이 어태치 공정 순서

Backside Lamination) 필름이라고 부른다. 웨이퍼 백 그라인딩 후에 마운팅 테이프와 웨이퍼 뒷면 사이에 DAF를 붙이고, 웨이퍼를 절단할 때 DAF도 같이 절단한다. DAF가 칩 뒷면에 붙은 상태로 떨어지므로 그대로 서브스트레이트나 칩 위에 붙인다.

7 **스텐실 프린팅(Stencil Printing)** : 서브스트레이트(Substrate) 등에 페이스트(Paste) 타입의 재료를 도포하기 위해 스텐실(Stencil)로 만들어진 마스크(Mask)를 이용하여 원하는 곳에 프린팅(Printing)하는 공정 방법

5 인터커넥션

인터커넥션(Interconnection)은 패키지 내부에서 칩과 서브스트레이트, 칩과 칩 등을 전기적으로 연결하는 것으로, 와이어를 이용한 와이어 본딩(Wire Bonding)과 플립 칩 본딩(Flip Chip Bonding)이 있다. 플립 칩 본딩의 경우에는 접합부의 신뢰성을 높이기 위해서 반드시 언더필(Underfill) 공정이 필요하다.

와이어 본딩(Wire Bonding)

열, 압력, 진동을 이용해 금속 와이어로 칩과 서브스트레이트를 전기적으로 연결하는 것이 와이어 본딩(Wire Bonding)이다. 와이어는 보통 금을 사용하는데, 전기 전도도도 좋지만 연성이 좋기 때문이다. 와이어 본딩은 바느질과 비슷한 개념이다. 여기서 실은 와이어이고, 바늘은 캐필러리(Capillary)이다. 와이어를 실타래같이 실패(Spool)에 감아 장비에 장착하고 선을 뽑아서 캐필러리의 가운데로 통과시켜 캐필러리의 끝에 테일(Tail)을 만든다. 그다음 EFO(Electric Flame-Off)에서 와이어 테일에 강한 전기적 스파크(Spark)를 주면 그 부분이 녹았다가 응고하면서 표면 장력 때문에 볼 형태가 만들어진다. 이를 FAB(Free Air Ball)라 부른다.

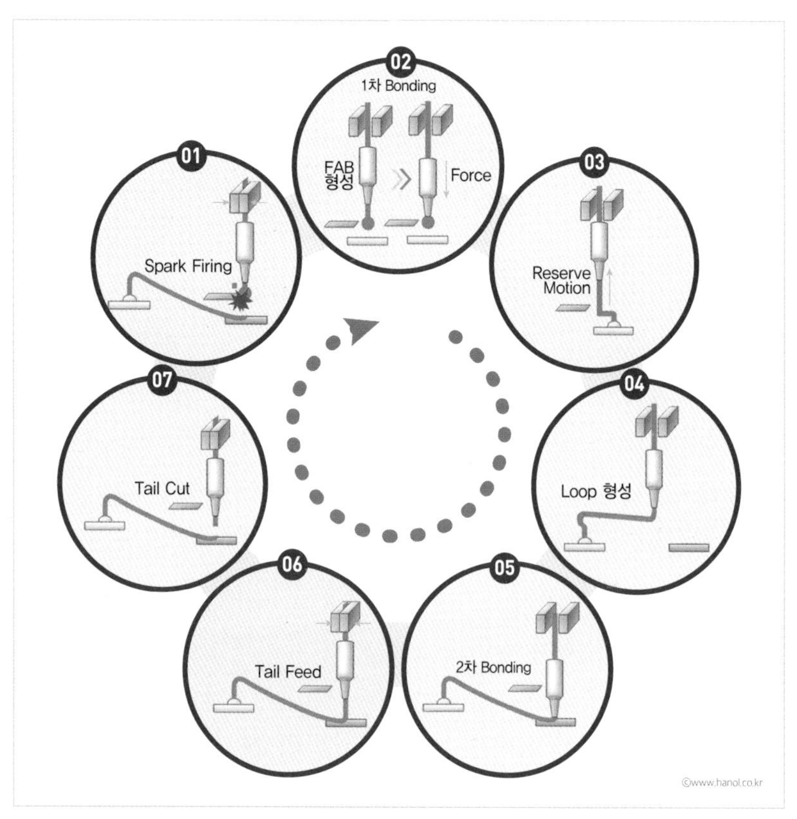

그림 4-5_ 와이어 본딩 공정 순서

〈그림 4-5〉는 와이어로 칩과 서브스트레이트를 연결하는 공정 순서를 보여준다. 형성된 FAB를 칩의 패드에 힘을 가해 붙여 볼 본딩을 형성한다. 그리고 캐필러리를 서브스트레이트 쪽으로 이동시키면 와이어도 실처럼 빠져 나오면서 루프(Loop)를 형성한다. 서브스트레이트에서 전기적으로 연결할 부분인 본드 핑거(Bond Finger)에 와이어를 눌러서 스티치 본딩(Stitch Bonding)[8]을 형성한다. 이후 와이어를 약간 더

[8] **스티치 본딩(Stitch Bonding)** : 반도체 패키지 공정에서 와이어로 패드에 본딩할 때 와이어를 눌러서 붙이는 것

빼서 테일을 만든 다음 끊으면 와이어를 이용한 칩과 서브스트레이트의 연결이 완료된다. 이 과정을 다른 칩 패드와 서브스트레이트의 본드 핑거에서 반복하면서 와이어 본딩 공정이 진행된다.

플립 칩 본딩(Flip Chip Bonding)과 언더필(Underfill)

플립 칩 본딩(Flip Chip Bonding)은 칩 위에 범프를 만들어서 서브스트레이트와 전기적/기계적 연결을 한 것으로 와이어 본딩보다 전기적 특성이 우수하다. 플립 칩 본딩 시, 칩과 서브스트레이트의 열팽창계수 차이에 의한 스트레스를 범프만으로는 만족시킬 수 없으므로 반드시 범프와 범프 사이의 공간을 폴리머(Polymer)로 채워주는 언더필(Underfill) 공정도 함께 진행해야 한다.

본딩은 MR(Mass Reflow) 공정과 열 압착(Thermo Compression) 공정이 있는데, MR은 뒤의 솔더 마운팅 공정 부분에서 설명할 리플로우(Reflow)를 이용한 것으로 높은 온도를 가해 접합부의 솔더를 녹여 칩과 서브스트레이트를 붙이는 공정이다. 열 압착(Thermo Compression) 공정은 플립 칩 본딩을 할 접합부에 온도와 압력을 가해서 접합해준다.

플립 칩 범프와 범프 사이를 채워주는 언더필 공정은 플립 칩 본딩 후에 재료를 채우는 포스트 필링(Post Filling)과 플립 칩 본딩 전에 재료를 채우는 프리-어플라이드(Pre-Applied) 언더필로 크게 두 가지다. 포스트 필링 공정은 언더필 방식에 따라 캐필러리 언더필(Capillary Underfill, CUF)과 MUF(Molded Underfill)로 나눌 수 있다. 캐필러리 언더필(CUF)은 플립 칩 본딩 후에 캐필러리로 언더필 재료를 칩 옆면에 주사하여 범프 사이사이를 채우는 방식이다. MUF는 추가적인 언더필 공정 없이 뒤에 설명할 몰딩 공정에서 몰딩 재료인 EMC가 범프 사이사이를 채워 언더필 기능도 하게 한다.

6 몰 딩

와이어 본딩이나 플립 칩 본딩이 완료된 칩은 외부 충격으로부터 구조물이 손상되지 않도록 표면을 싸서 보호하는 공정(Encapsulation)이 필요하다. 이를 위한 공정으로는 몰딩(Molding), 실링(Sealing), 웰딩(Welding) 등이 있는데, 플라스틱 패키지에서는 몰딩만 적용한다.

몰딩은 열 경화성 수지[9]에 여러 가지 무기 재료를 혼합하여 만든 재료인 EMC(Epoxy Molding Compound)를 칩과 와이어 등에 둘러 외부의 물리적 화학적 충격으로부터 보호하고, 고객이 원하는 패키지 크기나 모양을 만든다.

이를 위해 몰딩 공정은 금형틀에서 진행된다. 몰딩 공법 중 하나인 트랜스퍼 몰딩(Transfer Molding) 작업 시에는 와이어 본딩으로 칩을 연결한 서브스트레이트를 양쪽 금형틀에 놓고, 가운데에 EMC 태블릿(Tablet)을 놓고 온도와 압력을 가한다. 이를 통해 고체인 EMC는 액체가 되고, 양쪽 금형틀로 흘러 들어가서 공간을 채운다. 트랜스퍼 몰딩

9 **열 경화성 수지** : 저분자 유기물과 무기물이 혼합되어 열을 받으면 각 분자들 사이에 중합 반응이 일어나 고분자 화합물이 되어 단단해지는 혼합 물질. 반도체에서는 EMC가 대표적이며, EMC는 반도체에 가해지는 열적, 기계적 손상과 부식 등을 막아 반도체 회로의 전자, 전기적 특성을 보호한다.

은 칩과 패키지 윗면의 간격, 즉 EMC를 채워야 할 칩 위의 공간이 작아지면 유체인 EMC가 흘러 들어가기가 힘들어지므로 공정이 어려워진다. 그리고 서브스트레이트가 커지는 경우, 금형틀도 커지기 때문에 그만큼 공간을 채우기 힘들어진다.

그런데 칩 적층 수가 늘어나고, 패키지 두께는 줄어들면서 칩과 패키지 윗면의 간격은 계속 작아지는 추세다. 한꺼번에 더 많은 칩을 넣으면 일괄 공정을 진행해 제조 비용을 낮출 수 있기 때문에 서브스트레이트의 크기도 커지고 있다. 그만큼 트랜스퍼 몰딩 공정에 한계가 생기고 있다는 뜻인데, 이를 극복하는 기술이 바로 컴프레션 몰딩(Compression Molding)이다.

컴프레션 몰딩 시에는 몰딩할 서브스트레이트를 금형에 넣고 EMC 가루(Powder/Granule)를 채운다. 그 다음에 온도와 압력을 가하면 금형에 채워진 EMC가 액상이 되면서 성형이 된다. 이 경우엔 EMC가 흐르는 일이 없이 그 자리에서 액상이 되어 공간을 채우기 때문에 칩과 패키지 윗면의 작은 간격을 채우는 데도 문제가 생기지 않는다.

7 마 킹

마킹(Marking)은 반도체 패키지 표면에 반도체 종류, 제조사 등의 제품 정보와 고객이 원하는 특정 표식 등의 무늬, 기호, 숫자나 문자 등을 새기는 공정이다. 특히, 패키징 후 반도체 제품의 불량으로 동작 자체가 불가능할 때 마킹된 정보를 기초로 불량 원인 등을 추적할 수 있다. 마킹은 레이저(Laser)로 EMC 등의 재료를 태워 음각으로 새기는 방법과 잉크(Ink)를 사용해 양각으로 새기는 방법이 있다.

플라스틱 패키지는 몰딩이 완료된 후에 표면에 원하는 정보를 표시할 수 있다. 레이저 마킹의 경우엔 단순히 음각으로 새기는 것이기 때문에 마킹의 가독성을 높이기 위해 보통 검은색 EMC를 선호한다. 새기는 문자나 기호에 색깔을 줄 수 없기 때문에 검은색 배경에 음각으로 새긴 것이 잘 보이기 때문이다.

8

솔더 볼 마운팅

서브스트레이트 타입 패키지에서 솔더 볼은 패키지와 외부 회로의 전기적 통로뿐만 아니라 기계적 연결 역할까지 한다. 솔더 볼 마운팅(Solder Ball Mounting)은 서브스트레이트 패드에 솔더 볼을 접착해 주는 공정이다. 플럭스(Flux)[10]를 패드에 도포한 후, 솔더 볼을 서브스트레이트 패드에 올려주고, 리플로우 공정을 통해서 솔더 볼을 녹여 붙여준 다음 플럭스를 세척하여 없애는 순으로 진행한다. 플럭스는 리플로우 공정에서 솔더 볼 표면의 불순물과 산화물을 제거한다. 이를 통해 솔더 볼은 균일하게 녹을 수 있으며 표면도 깨끗해진다. 각 패드에 솔더 볼들을 올리기 위해 볼의 크기보다 약간 더 큰 구멍이 뚫린 스텐실에 솔더 볼을 흘려주면 구멍 1개당 1개의 솔더 볼이 채워진다. 이후에 다시 서브스트레이트와 스텐실을 분리하면 서브스트레이트 위에 솔더 볼들이 위치하게 된다. 이때 이미 패드에 도포된 플럭스가 있어서 솔더 볼들은 가접착 상태로 패드에 붙는다.

서브스트레이트 패드에 플럭스와 함께 붙여진 솔더 볼들은 열을 가하는 리플로우 공정을 통해 녹아서 패드에 붙는다. 〈그림 4-6〉은 리플로우 공정에서 인가되는 온도 프로파일을 보여준다. 솔더가 녹는 온도에 도달하기 전에 있는 소킹(Soaking) 영역에서 플럭스가 활성화되어

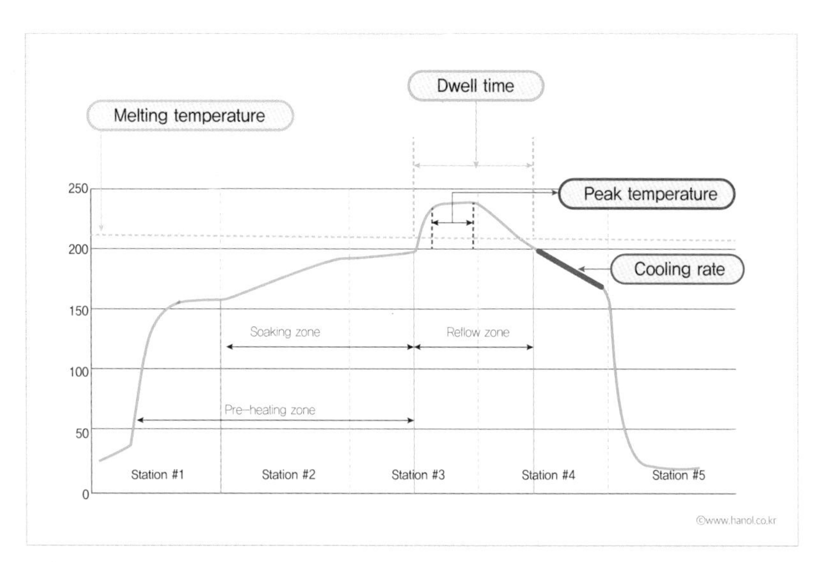

그림 4-6_ 리플로우 온도 프로파일

솔더 볼 표면에 있는 산화물과 불순물을 제거한다. 그리고 녹는점 이상에서 솔더 볼이 녹아 패드에 붙는데, 이때 솔더 볼은 완전히 흘러내리지 않고 패드의 금속 부분에 붙는 영역을 제외한 나머지 영역에서 표면 장력에 의해 구형을 이루게 된다. 이후 온도가 내려가면서 그 모양을 유지하며 다시 고체로 굳게 된다.

10 **플럭스(Flux)** : 솔더 볼이 볼랜드의 Cu와 잘 접착하기 위한 용매제로써 수용성과 지용성으로 구분. 주 역할은 솔더 볼 위의 불순물과 산화물을 제거하는 것이다.

9
싱귤레이션

싱귤레이션(Singulation)은 서브스트레이트 타입 패키지의 가장 마지막 공정이다. 싱귤레이션은 블레이드로 공정이 완료된 서브스트레이트 스트립을 잘라서 하나하나의 패키지로 만드는 것이다. 싱귤레이션 공정이 완료되어 단품화된 패키지들은 트레이(Tray)에 담겨서 패키지 테스트 등의 다음 공정 단계로 이동한다.

©Photo by Camtek

AI 시대에 대응하는
반도체 패키지와 테스트

Chapter 05

웨이퍼 레벨 패키지 공정

1
웨이퍼 레벨 패키지 공정 순서

웨이퍼 레벨 패키지는 웨이퍼 상태에서 패키지 공정을 진행하는 것을 뜻한다. 대표적으로 전체 공정을 웨이퍼 상태에서 진행하는 팬인(Fan in) WLCSP(Wafer Level Chip Scale Package), 팬아웃(Fan out) WLCSP가 있고, 전체 패키지 공정의 일부를 웨이퍼 상태로 진행하는 RDL(ReDistribution Layer) 패키지, 플립 칩(Flip Chip) 패키지, TSV 패키지도 넓은 의미에서는 웨이퍼 레벨 패키지 범주에 들어간다.

패키지 타입에 따라 전해 도금[1] 으로 형성되는 금속의 종류와 패턴의 차이만 있고, 유사한 순서로 진행한다. 일반적인 공정 순서를 설명하면 다음과 같다.

반도체 소자가 구현되어 웨이퍼 테스트까지 끝난 웨이퍼가 패키지 공정으로 들어오면 필요에 따라 먼저 웨이퍼에 절연층을 만든다. 이 절연층은 포토(Photo) 공정으로 칩 패드를 다시 한 번 노출시킨다. 그리고 그 위에 스퍼터링(Sputtering) 공정[2]으로 금속층을 웨이퍼 전면에 형성시킨다. 이 금속층은 후속으로 형성될 전해 도금된 금속층의 접착력 향상, 금속 간 화합물 성장을 막는 확산 방지막, 전해 도금 공정을 위한 전자(Electron)의 이동 통로 등의 역할을 한다. 그리고 이 위에 선택적으로 전해 도금층을 만들기 위해 포토 레지스트(Photo Re-

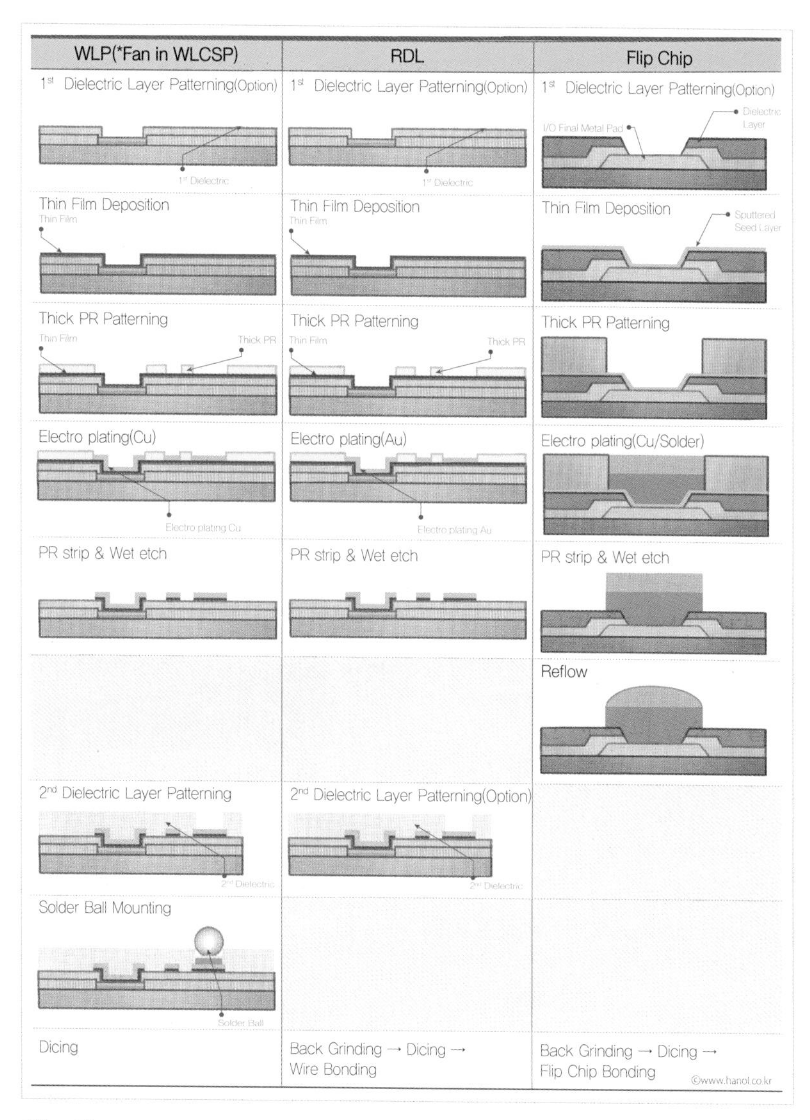

그림 5-1_ 주요 웨이퍼 레벨 패키지 공정 비교

1 **전해 도금** : 양극판에서 산화 반응이 일어나 전자를 생성시키고, 용액 내의 금속 이온이 음극판인 웨이퍼에서 전자를 받아 금속이 되는 반응

2 **스퍼터링(Sputtering) 공정** : 타깃에 플라즈마 이온이 물리적으로 부딪혀서 타깃의 물질이 떨어져나와 웨이퍼 위에 증착되게 하는 공정

sist)를 도포하고 포토 공정으로 패턴(Pattern)을 만든다. 그리고 여기에 전해 도금으로 두꺼운 금속층을 형성시킨다. 전해 도금이 완료되면 포토 레지스트를 벗겨내는 스트립(Strip)을 진행하며, 남아 있는 얇은 금속층들을 에칭(Etching)으로 제거한다. 그러면 전해 도금된 금속층들이 원하는 패턴을 가지고 웨이퍼 위에 형성된다. 이 패턴이 배선 역할을 하는 것이 팬인 WLCSP이고, 패드 재배열 역할을 하는 것이 RDL, 범프가 되는 것이 플립 칩 패키지이다. 각각의 공정에 대해 더 자세히 알아보자.

©Photo by Camtek

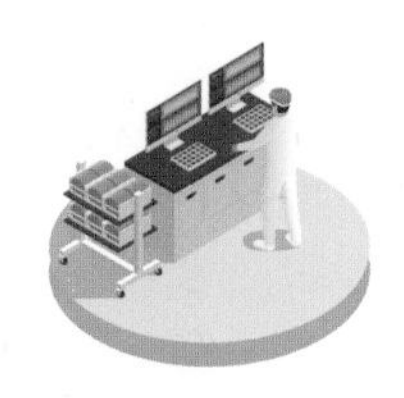

2

포토 공정

포토(Photo) 공정은 리소그래피(Lithography) 공정이라고도 하는데, Litho(돌)와 Graphy(이미지)의 합성어로 석판화 기술을 뜻한다. 즉, 포토 공정은 빛에 반응하는 감광제를 웨이퍼에 도포한 후 원하는 패턴 모양을 갖는 마스크(Mask 또는 Reticle)를 통해서 웨이퍼에 빛을 조사하여 빛에 노출(Expose)된 영역을 현상(Develop)한 후에 원하는 패턴이나 형상을 만드는 공정이다. 주요 공정 순서를 〈그림 5-2〉에 나타내었다.

웨이퍼 레벨 패키지에서 포토 공정은 패턴이 있는 절연층(Dielectric Layer) 형성, 전해 도금층 형성을 위한 포토 레지스트의 패턴 작업, 에칭으로 금속 배선을 만들어 주기 위한 에칭 방지막의 패턴 작업 등에 주로 사용된다.

포토 공정은 사진을 찍는 것과도 비교될 수 있다. 〈그림 5-3〉과 같이 사진을 찍는 데 필요한 빛은 햇빛이고, 포토 공정에서는 광원(Light Source)이 된다. 그리고 사진에서 피사체인 물체/풍경/사람이 포토에서는 마스크(Mask) 또는 레티클(Reticle)이 된다. 피사체를 사진기로 찍는 것이 포토 공정에서는 장비에서 노출하는 것이고, 사진기의 필름 역할을 포토 공정에서는 웨이퍼 위에 도포된 감광제, 포토 레지스트(Photo Resist)가 한다.

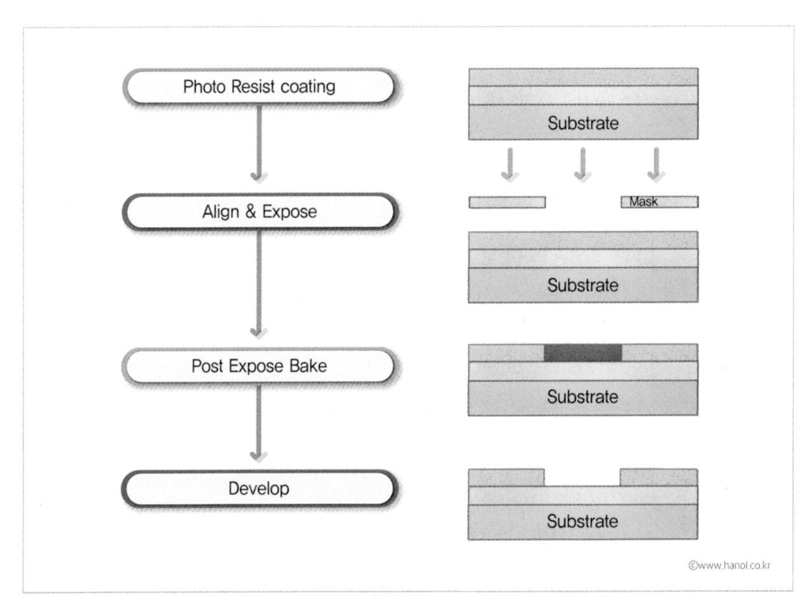

그림 5-2_ 포토 공정 순서

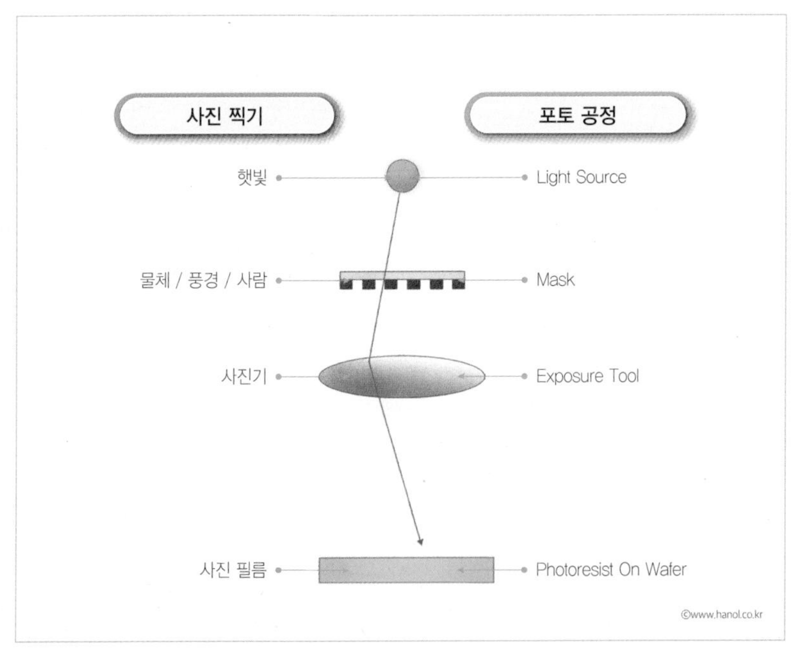

그림 5-3_ 사진 찍기와 포토 공정의 비교

감광제인 포토 레지스트를 웨이퍼에 도포할 때는 〈그림 5-4〉 같이 3가지 방법이 이용된다. 스핀 코팅(Spin Coating)법과 필름 라미네이션(Lamination)법, 스프레이 코팅(Spray Coating)법이다. 도포 후에는 점성(Viscosity)[3]을 가진 포토 레지스트가 흘러내리지 않고 두께를 유지할 수 있도록 열처리(Soft Bake)하여 솔벤트(Solvent)[4] 성분을 제거해준다.

〈그림 5-5〉와 같이 스핀 코팅은 점성이 있는 포토 레지스트를 웨이퍼 가운데에 떨어뜨려 주면서 웨이퍼를 회전시켜, 웨이퍼 가운데 떨어진 포토 레지스트가 원심력에 의해 웨이퍼 가장자리로 퍼져 나가면서 균일한 두께로 도포되게 하는 방법이다. 이때 포토 레지스트의 점도가 높고 웨이퍼 회전 속도가 낮으면 두껍게 도포된다. 반대로 점도가 낮고 웨이퍼 회전 속도가 높으면 얇게 도포된다. 웨이퍼 레벨 패키지, 특히 플립 칩의 경우에는 솔더 범프 형성을 위한 포토 레지스트층을 만들어야 하는데 30~100μm(마이크로미터)까지의 두께가 필요하다. 이럴 경우엔 스핀 코팅법으로는 한 번의 도포로 원하는 두께를 얻기가 쉽지 않다. 경우에 따라선 도포와 열처리를 두 번 이상 반복해야 할 때도 있다. 필름 라미네이션법은 필름 두께를 처음부터 원하는 포토 레지스트 두께로 만들어서 공정을 진행하므로 두껍게 도포해야 하는 경우에 더욱 유리한 공법이다. 또한 공정 중에 웨이퍼 밖으로 버려지는 양이 없으므로 제조 비용상 장점이 있을 수 있다. 하지만 웨이퍼 구조에 요철이 있는 경우엔 필름을 웨이퍼에 밀착하기가 쉽지 않아서 불량이 발생할 수 있다. 웨이퍼에 요철이 아주 심한 경우엔 포토 레지스트를 한가운데서만 뿌리는 스핀 코팅보다는 스프레이로 웨이퍼 전면에 고루 뿌리는 스프레이 코팅이 균일한 두께로 도포하는 데 유리하다.

3 **점성(Viscosity)** : 형태가 변화할 때 나타나는 유체의 저항 또는 서로 붙어 있는 부분이 떨어지지 않으려는 성질

4 **솔벤트(Solvent)** : 페인트, 그리스, 에폭시류, 접착제 및 도금액 등을 희석하거나 녹이는 데 사용되는 화학 물질

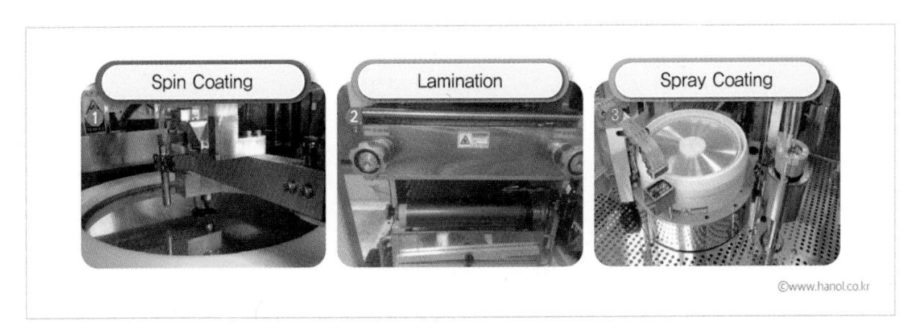

그림 5-4_ 포토 레지스트를 도포하는 방법

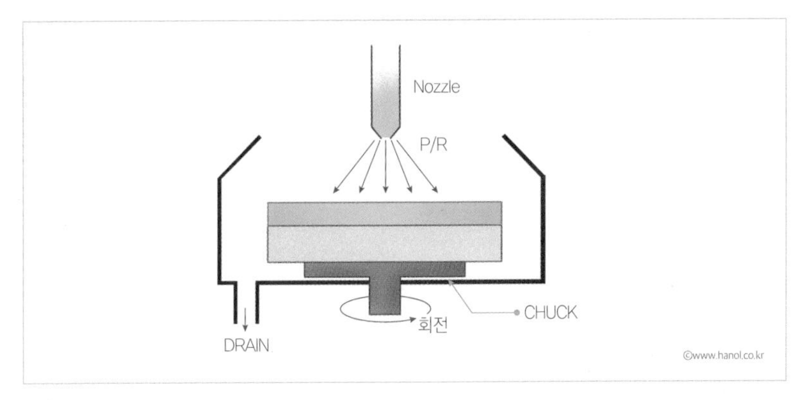

그림 5-5_ 스핀 코팅(Spin Coating) 모식도

포토 레지스트를 도포(Coating)한 후 열처리한 다음에는 빛을 노출하는 노광 공정을 진행한다. 마스크에 만들어진 패턴에 광원을 통과시켜 웨이퍼 위의 포토 레지스트에서 패턴을 가지고 빛을 받게 한다. 이때 빛을 받은 부분이 약해지는 포지티브 타입 포토 레지스트를 사용하는 경우에는 마스크에 제거할 부분이 뚫려 있어야 한다. 반대로 빛을 받은 부분이 단단해지는 네거티브 타입 포토 레지스트를 사용하는 경우에는 마스크에 남아 있어야 하는 부분이 뚫려 있게 설계해야 한다. 웨이퍼 레벨 패키지에서는 주로 포토 공정 장비로 마스크 얼라이너(Mask Aligner)[5]나 스테퍼(Stepper)[6]를 사용한다.

노광 공정으로 포토 레지스트 구조에서 약해진 부분을 현상액으로 녹여내는 공정이 현상이다. 현상 공정은 〈그림 5-6〉과 같이 웨이퍼 가

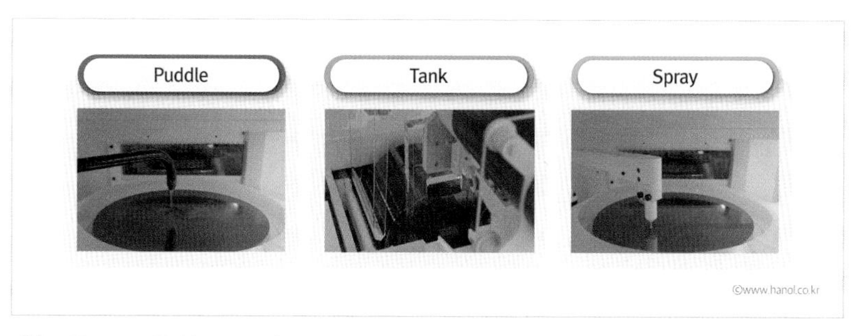

그림 5-6_ 현상(Develop) 공법

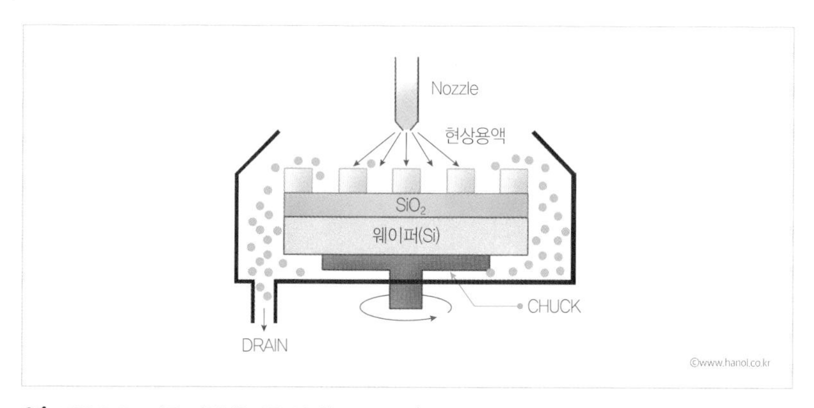

그림 5-7_ 퍼들 타입 현상용 챔버(Chamber)의 모식도

운데 현상액을 뿌리고, 웨이퍼를 저속으로 회전시키는 퍼들(Puddle) 타입과 여러 장의 웨이퍼를 동시에 현상액에 침지하여 현상하는 탱크(Tank) 타입, 현상액을 스프레이로 뿌리는 스프레이 타입이 있다. 〈그림 5-7〉은 퍼들 타입 현상용 챔버(Chamber)의 모식도이다. 퍼들 타입 현상이 끝나면 포토 레지스트가 포토 공정에 의하여 원하는 패턴 모양으로 완성된다.

5 **마스크 얼라이너(Aligner)** : 노광 장비 중 하나로 마스크의 패턴과 웨이퍼의 패턴 크기를 동일하게 맞춰 한번에 빛을 통과시킨다.

6 **스테퍼(Stepper)** : 스테이지가 스텝으로 이동하며 빛의 통과를 계폐하는 셔터에 의해 노광 공정이 진행되므로 스테퍼라 부른다.

3
스퍼터링 공정

스퍼터링(Sputtering) 공정은 웨이퍼 위에 금속 박막을 PVD(Physical Vapor Deposition, 물리 기상 증착) 공정의 일종인 스퍼터링으로 형성하는 공정이다. 웨이퍼 위에 형성된 금속 박막은 플립 칩 패키지와 같이 범프 아래에 있는 경우 UBM(Under Bump Metallurgy)으로 부른다. 보통, 2~3층의 금속 박막으로 형성되며, 웨이퍼의 접착력을 높이는 층(Adhesion Layer), 전해 도금 시 전류가 흘러 전자를 공급하는 층(Current Carrying Layer 또는 Seed Layer), 솔더 젖음성[7]을 갖고 도금층과 금속간 화합물 성장을 억제하는 확산 방지층(Diffusion Barrier)이 형성된다. 예를 들어 Ti(티탄), Cu(구리), Ni(니켈) 구조로 박막이 형성된 경우, Ti는 접착력을 위한 층, Cu는 전류 전달을 위한 층, Ni는 확산 방지 및 솔더 젖음성 향상을 위한 층으로 형성된 것이다. UBM은 플립 칩의 품질과 신뢰성에 큰 영향을 준다.

RDL, WLCSP와 같이 금속 배선을 형성하기 위한 금속 박막은 보통 접착력 향상을 위한 층과 전류 전달을 위한 2개 층으로 만들어진다.

스퍼터링 공정의 원리를 〈그림 5-8〉에 표현하였다. Ar 기체를 플라즈마[8] 상태로 만들어서 Ar^+ 이온이 증착될 금속과 동일한 조성을 가

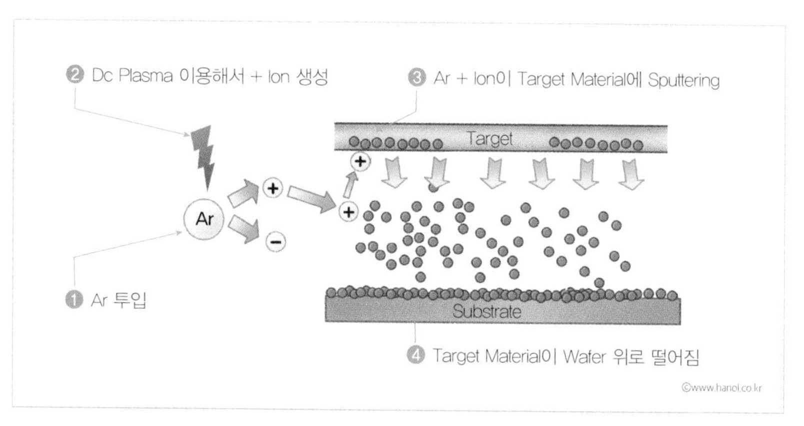

그림 5-8_ 스퍼터링 공정 원리

진 타깃(Target)에 물리적 충돌을 하는데, 그 충격으로 타깃에서 떨어져 나온 금속 입자가 웨이퍼에 증착되게 하는 공정이다. 스퍼터링 공정에서 증착되는 금속 입자는 일정한 방향성을 가진다. 그래서 평판인 경우에는 균일한 두께로 증착이 되지만, 트렌치나 비아 구조인 경우, 금속의 증착 방향과 수평인 벽면의 증착 두께가 증착 방향과 수직인 바닥보다 얇아질 수 있다.

7 **젖음성** : 고체의 표면에 액체가 부착되었을 때 고체와 액체 원자 간의 상호 작용에 의해 액체가 퍼지는 현상

8 **플라즈마(Plasma)** : 자유 운동하는 양·음 하전 입자가 공존하여 전기적으로 중성이 되어 있는 물질 상태. 기체 상태의 물질에 계속 열을 가하여 온도를 올려주면 이온 핵과 자유전자로 이루어진 입자들의 집합체가 만들어진다. 물질의 세 가지 형태인 고체, 액체, 기체와 더불어 '제4의 물질 상태'로 불리기도 한다.

4 전해 도금 공정

전해 도금(Electroplating) 공정은 전해질 용액의 금속 이온이 외부에서 공급되는 전자를 이용한 환원 반응에 의해 금속으로 웨이퍼에 증착되게 하는 공정이다. 웨이퍼 레벨 패키지 공정에서는 전기적 연결을 위한 금속 배선이나 접합부를 형성하기 위한 범프같이 두꺼운 금속층을 형성하고자 할 때 사용한다. 〈그림 5-9〉는 전해 도금의 원리를 나타냈다. 양극판(Anode Side)인 (+)극에서는 금속이 산화되어 이온이 되면서 전자를 내어주어 외부 회로로 보낸다. 음극판(Cathode Side)인 (-)극에서는 양극판에서 산화된 금속 이온이나 용액 속에 있던 금속 이온이 전자를 받아 환원되고 금속이 된다. 웨이퍼 레벨 패키지를 위한 전해 도금 공정에서 음극판은 웨이퍼가 된다. 양극판은 도금하고자 하는 금속으로 만들기도 하지만, 백금과 같은 불용성 전극[9]을 사용하기도 한다. 양극판을 도금하고자 하는 금속으로 만든 경우 금속 이온이 양극판에서 녹아 나와 계속 공급되므로 용액 속의 이온 농도가 일정할 수 있지만, 불용성 전극을 사용한 경우에는 웨이퍼에 도금되면서 소모되는 금속 이온을 용액 속에 주기적으로 보충해서 농도를 유지해야 한다. 아래 〈그림 5-10〉은 음극판과 양극판에서 일어나는 전기 화학적 반응식을

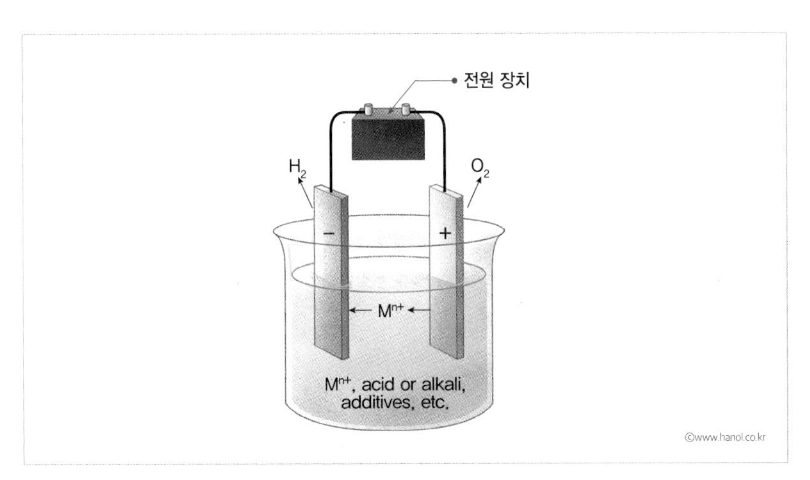

그림 5-9_ 전해 도금 원리

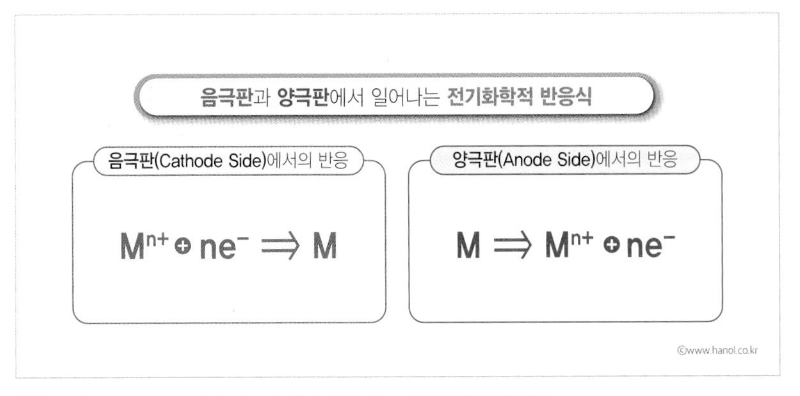

그림 5-10_ 음극판과 양극판에서 일어나는 전기 화학적 반응식

각각 정리했다.

웨이퍼의 전해 도금을 위한 장비는 보통 웨이퍼의 도금될 면이 아래를 향하게 놓이며, 양극이 아래에 위치했다. 용액이 웨이퍼를 향해 샘

9 **불용성 전극** : 전해 도금 시 산화가 일어나는 양극에 사용되는 전극으로 산화가 일어나는 사이트만 제공하고 자신은 산화되지 않는 전극. 산화로 이온화되어 녹지 않기 때문에 불용성 전극이다. 백금 같은 재료들이 사용된다.

물(Fountain)이 솟아오르는 것처럼 부딪히며 전해 도금 되는 것이다. 이때 웨이퍼에 도금될 부분에서 포토 레지스트에 의해 열린 패턴이 용액과 만날 수 있다. 전자는 웨이퍼 가장자리에서 전해 도금 장비를 통해 공급되며, 결국 패턴으로 형성된 위치에서 용액 속의 금속 이온과 만나 환원되며 성장하고 금속 배선이나 범프를 형성한다.

5

습식 공정 - PR 스트립과 금속 에칭

반도체 공정 중에 액체를 사용하면 습식(Wet) 공정이고, 사용하지 않으면 건식(Dry) 공정이다. 대표적인 건식 공정이 앞에서 설명한 스퍼터링(Sputtering) 공정이고, 여기에서 설명할 PR 스트립(Strip)과 금속 에칭(Etching)이 습식 공정이다.

전해 도금 등 포토 레지스트의 패턴을 이용한 공정이 완료되면 역할을 다한 포토 레지스트(PR)를 제거해야 한다. 이 제거 공정이 PR 스트립이다. PR 스트립은 스트리퍼(Stripper)라는 화학 용액을 이용한 습식 공정이므로 퍼들(Puddle), 탱크(Tank), 스프레이(Spray) 공법을 사용할 수 있다.(〈그림 5-6〉 참조) 스퍼터링으로 형성된 금속 박막은 금속 배선이나 범프가 전해 도금 등의 공정으로 형성된 후에는 다시 제거해야 한다. 이 금속 박막이 그대로 남아 있으면 웨이퍼 전체가 전기적으로 연결되어 쇼트(Short)가 발생하기 때문이다. 금속 박막의 제거는 금속을 녹일 수 있는 산 계열의 에천트(Etchant)를 사용하여 습식으로 에칭한다. 사용하는 공법은 PR 스트립과 마찬가지로 퍼들, 탱크, 스프레이 공법을 사용할 수 있는데(〈그림 5-6〉 참조), 웨이퍼의 금속 패턴이 미세화되면서 퍼들 방식이 널리 사용되고 있다.

6

팬인 WLCSP 공정

팬인(Fan in) WLCSP(Wafer Level Chip Scale Package)는 웨이퍼 테스트가 끝난 웨이퍼가 패키지 라인에 입고되면 먼저 스퍼터링(Sputtering) 공정으로 금속 박막층을 만든다. 그리고 그 위에 포토 레지스트(Photo Resist)를 두껍게 도포하는데(Thick PR Coating), 패키지용 금속 배선 형성을 위해서는 그 배선 두께보다 포토 레지스트가 두꺼워야 하기 때문이다. 포토 레지스트는 포토 공정으로 패턴을 만들고, 패턴이 되어 열린 부분에 전해 도금으로 구리(Cu)를 도금하여 금속 배선을 형성한다(Cu Electro-plating). 배선이 형성되면 포토 레지스트를 벗겨주고(TPR Strip), 필요 없는 부분의 금속 박막층을 화학적 에칭으로 제거한다(Thin Film Etch). 그리고 이 위에 절연층(Dielectric Layer)을 형성한다. 절연층은 다시 솔더 볼이 올라갈 부분만 포토 공정으로 제거하는데, 이때 절연층은 SR(Solder Resist)이라고도 부른다.

절연층은 WLCSP의 최종 보호막(Passivation Layer)이자 솔더 볼이 붙는 영역을 제한하는 역할을 한다. 만약 이 절연층이 없으면 솔더 볼을 붙이고, 리플로우할 때 솔더 볼이 금속층 위로 계속 녹아내려 볼 형태를 유지할 수 없을 것이다.

절연층이 포토 공정으로 패턴화되면 그 위에 솔더 볼을 붙이는 솔더 볼 마운팅 공정을 진행한다. 솔더 볼 마운팅이 끝나면 패키지 공정이 완료되므로 웨이퍼 절단을 통해서 팬인 WLCSP 단품으로 만든다.

솔더 볼 마운팅(Solder Ball Mounting) 공정

솔더 볼 마운팅 공정은 WLCSP 위에 패키지용 솔더 볼을 붙이는 공정이다. 이는 컨벤셔널 패키지에서 서브스트레이트 위에 솔더 볼을 붙이는 공정과도 유사한데, 웨이퍼 위에 솔더 볼을 올린다는 차이점이 있다. 이 때문에 플럭스 도포, 솔더 볼 마운팅, 리플로우 과정은 똑같지만, 플럭스 도포와 솔더 볼 마운팅 시 사용하는 스텐실이 웨이퍼와 같은 크기다. 또한, 리플로우 장비도 컨베이어로 이송하는 대류(Convection) 리플로우 방식이 아닌 〈그림 5-11〉과 같은 핫 플레이트(Hot Plate) 기반의 웨이퍼 리플로우 장비를 사용한다. 웨이퍼 레벨의 리플로우 장비는 스테이지별로 이동하는 웨이퍼에 각각 다른 온도를 인가한다. 이를 통해 웨이퍼는 리플로우를 위한 온도 프로파일을 가지며 공정이 진행된다.

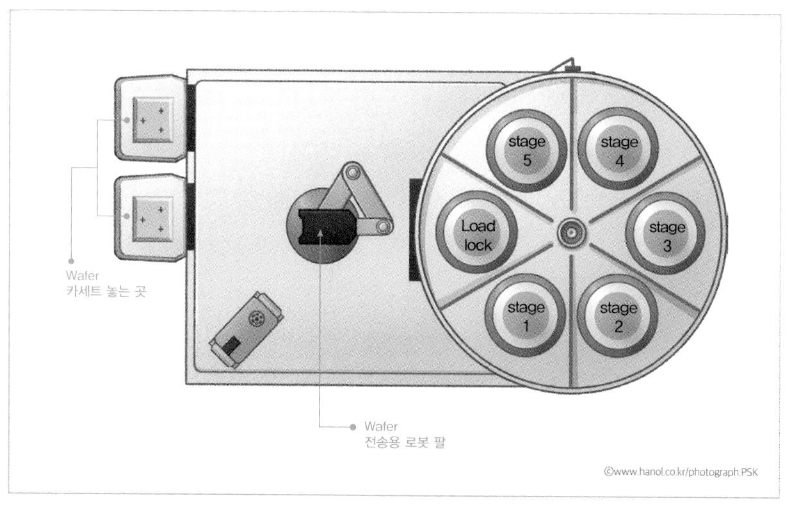

그림 5-11_ 웨이퍼 레벨 리플로우 장비

7 플립 칩 범프 공정

플립 칩(Flip Chip) 패키지에서 범프(Bump)를 형성하는 공정은 웨이퍼 레벨 공정으로 진행하지만, 후속 공정은 〈그림 5-12〉와 같이 컨벤셔널 패키지 공정으로 진행한다. 그리고 포토 레지스트를 도포하여 패턴화하는데, 형성할 범프의 높이 때문에 웨이퍼 레벨 패키지에서 가장 두껍게 도포할 수 있는 쪽에 속하는 포토 레지스트를 사용한다.

전해 도금으로 솔더 범프를 만드는데, CPB(Copper Post Bump/Copper Pillar Bump)[10]의 경우에는 Cu를 도금한 뒤 다시 솔더를 도금한다. 솔더는 보통 무연 솔더인 Sn-Ag 합금을 사용한다. 도금을 완료하면 PR을 벗겨주고, 스퍼터링으로 형성한 UBM(Under Bump Metallurgy)[11] 박막을 금속 에칭으로 제거한다. 이후에 웨이퍼 레벨 리플로우 장비를 사용해 범프를 구형으로 만든다. 이처럼 솔더 범프 리플로우 작업이 필요한 이유는 범프 간 높이 차이를 최소화하고 솔더 범프의 거칠기를 줄이며 솔더의 산화물을 제거하여 플립 칩 본딩 공정 시의 접합성을 높이기 위해서다.

10 CPB(Copper Post Bump/Copper Pillar Bump) : 플립 칩 본딩용 범프의 구조로서 Cu로 포스트(기둥)을 세우고 그 위에 솔더 범프를 형성한다. 범프 간격을 줄이기 위한 구조다.
11 UBM(Under Bump Metallurgy) : 플립 칩 범프 아래쪽에 형성된 금속층을 통칭

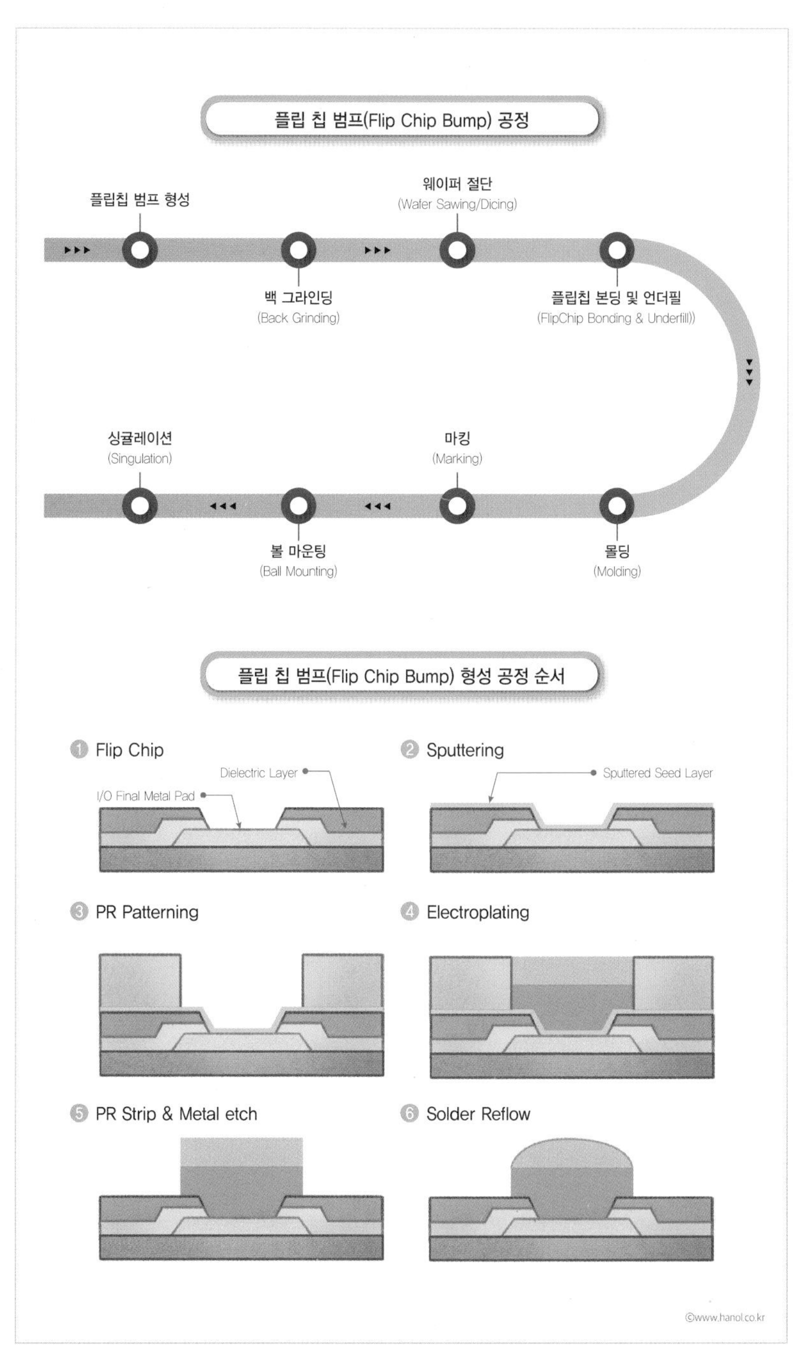

그림 5-12_ 플립 칩 범프(Flip Chip Bump) 형성 공정 순서

8 재배선 공정

재배선(Redistribution Layer, RDL) 공정은 칩 적층 등을 목적으로 사용되는데, 웨이퍼에 형성된 패드에 재배선용 금속층을 다시 만들어 새로운 패드를 형성하는 공정이다. 그래서 재배선 후의 패키지 공정은 〈그림 5-13〉과 같이 컨벤셔널 패키지 공정을 따른다. 이때 칩을 적층할 경우에는 '다이 어태치 → 와이어 본딩'을 적층해야 하는 칩의 수만큼 반복한다.

RDL 공정은 웨이퍼 테스트가 끝난 웨이퍼가 패키지 라인에 입고되면 시작이다. 먼저, 스퍼터링 공정으로 금속 박막층을 만든다. 그리고 그 위에 두꺼운 포토 레지스트를 도포한다. 그리고 포토 공정으로 패턴을 만들고, 패턴으로 열린 부분에 전해 도금으로 금(Au)을 도금하여 금속 배선을 형성한다. 재배선 자체가 패드를 다시 만드는 공정이므로 와이어 본딩 시 접합성이 우수해야 한다. 때문에 와이어 본딩 재료인 Au와 같은 재료를 도금하는 것이다.

지금은, 재배선은 웨이퍼 레벨 패키지 공정에서 만드는 모든 금속 배선을 의미하고 있으며, 적층을 위한 재배선은 와이어 본딩을 위해 Au를 사용했지만, 배선을 위한 경우에는 Cu를 많이 사용한다. 그리고 그 층수도 늘어나서 첫 번째 재배선층을 만든 후에 다시 절연층을 만

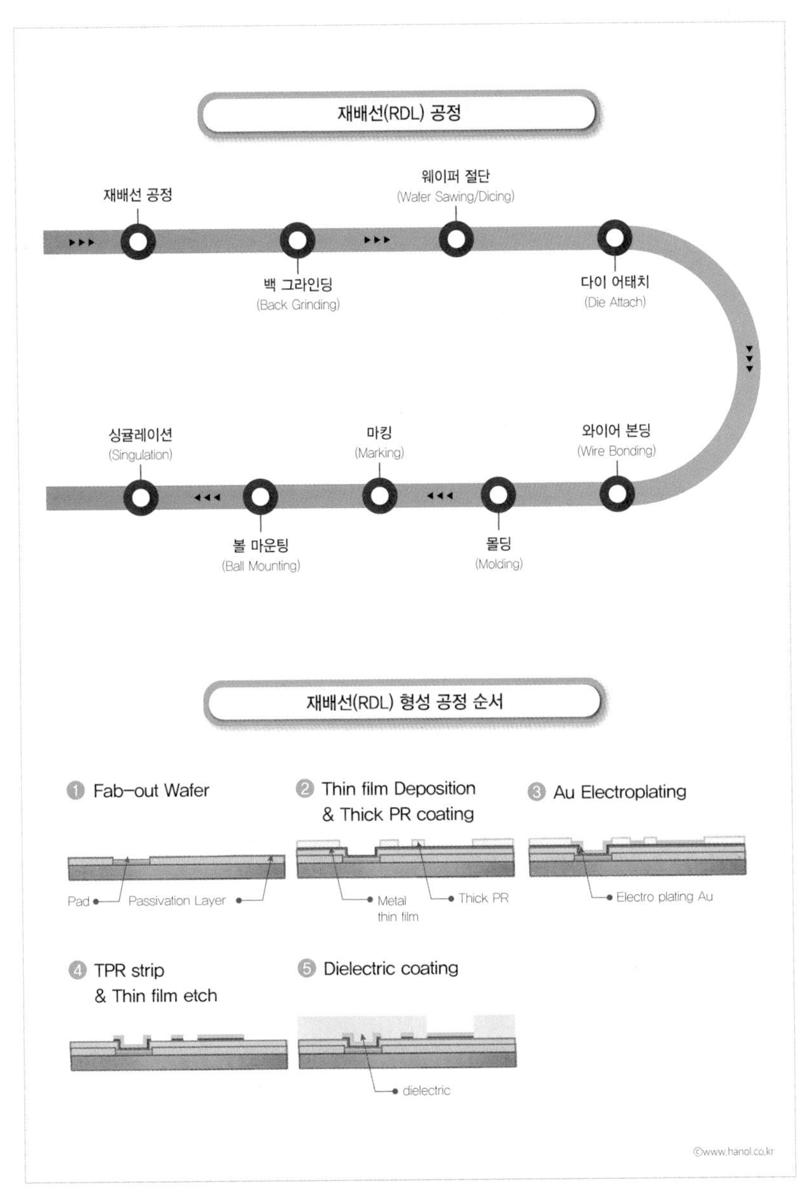

그림 5-13_ 재배선(RDL, Redistribution Layer) 형성 공정 순서

들고 그 위에 금속 배선을 만드는 공정을 반복하여 여러 층의 재배선 층을 만들게 된다.

9

팬아웃 WLCSP 공정

팬아웃(Fan out) WLCSP(Wafer Level Chip Scale Package)를 만드는 먼저 웨이퍼 모양의 캐리어에 테이프를 붙이고, 그 위에 웨이퍼다이싱 공정이 완료된 칩 중에서 테스트에서 양품으로 판정 받은 칩들을 일정한 간격으로 붙이면서 시작된다. 그 다음에 웨이퍼 몰딩으로 칩과 칩 사이의 공간을 메워 새로운 웨이퍼 형태를 만든다. 웨이퍼 몰딩이 끝나면 캐리어와 테이프를 떼어낸다. 그리고 몰딩으로 형성된 새로운 웨이퍼에 웨이퍼 장비들을 이용해서 금속 배선을 만들고, 패키지용 솔더 볼을 붙인다. 마지막으로 패키지 단품으로 잘라주면 전체 공정이 완료되는데, 이

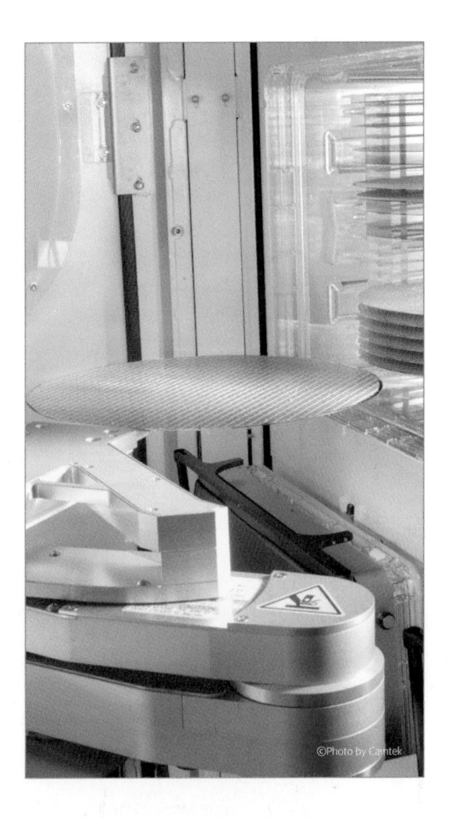
©Photo by Camtek

공정을 칩 퍼스트(Chip First), 몰드 퍼스트(Mold First) 또는 RDL 라스트(Last)라고 부른다. 이와 대비되는 공정이 칩 라스트(Chip Last), 몰드 라스트(Mold Last), 또는 RDL 퍼스트(First)라고 부르는 공정인데, 캐리어 위에 먼저 RDL 배선을 형성시켜주고, 그다음에 칩을 붙인 다음, 마지막으로 몰드를 진행하는 공정 순서이다.

웨이퍼 몰딩(Wafer Molding)

팬아웃 WLCSP를 만들기 위해서는 반드시 웨이퍼 몰딩을 해야 한다. 웨이퍼 몰딩 공정은 몰딩을 위한 성형 틀에 웨이퍼(팬아웃 WLCSP의 경우엔 칩들이 붙여진 웨이퍼 형태의 캐리어)를 놓고 액상이나 가루(Powder) 또는 그래뉼(Granule) 타입의 에폭시 밀봉재(EMC)[12]를 몰드할 곳에 넣은 다음 압착(Compression)하고 열을 주어서 몰딩을 하는 공정이다. 웨이퍼 몰딩은 팬아웃 WLCSP뿐만 아니라 뒤에 설명할 TSV를 이용한 KGSD(Known Good Stacked Die)를 위한 필수 공정이기도 하다.

12 **에폭시 밀봉재(Epoxy Molding Compound, EMC)** : 열 경화성 고분자의 일종인 에폭시 수지를 기반으로 만든 방열 소재로, 반도체 칩을 밀봉해 열이나 습기, 충격 등 외부 환경으로부터 보호해 주는 역할을 한다.

10

실리콘 관통 전극 패키지 공정

비아 미들(Via Middle)[13]로 만들어지는 TSV(Through Si Via, 실리콘 관통 전극) 패키지의 전체 공정 순서는 〈그림 5-14〉와 같다. 먼저, 웨이퍼 공정에서 비아를 형성하고 패키지 쪽에 와서 웨이퍼 앞면에 솔더 범프를 만든 후 캐리어 웨이퍼를 붙여서 백 그라인딩하고 웨이퍼 뒷면에 범프를 형성한 후 칩 단위로 잘라서 적층하는 순으로 공정을 진행한다.

웨이퍼 공정에서 TSV 비아를 비아 미들 타입으로 형성하는 공정을 개략적으로 보면, 먼저 웨이퍼에 CMOS 등의 트랜지스터를 형성한다(FEOL, Front End of Line). 그리고 TSV를 형성할 위치에 HM(Hard Mask)[14]을 이용하여 패턴을 만든다. 그다음은 실리콘(Si)를 에칭하는데, HM이 없는 부분을 드라이 에칭 공정으로 없애고 깊은 트렌치(Trench)를 만든다. 여기에 산화물(Oxide) 등의 절연막을 CVD(Chemical Vaporized Deposition, 화학 증착) 공정으로 형성한다. 이 절연막은 트렌치를 채울 Cu 같은 금속이 Si와 절연되게 함으로써 Cu로 인한 Si 오염을 방지한다. 절연막 위에는 금속 박막층(Seed/Barrier)을 만든다. 이 금속 박막층을 이용하여 Cu 등의 금속을 전해 도금한다. 전해 도금이 완료되면 CMP(Chemical-Mechanical Polishing) 공정으로 평탄화하며 동시에 웨이퍼 윗면에 있는 Cu를 모두 제거해 트렌

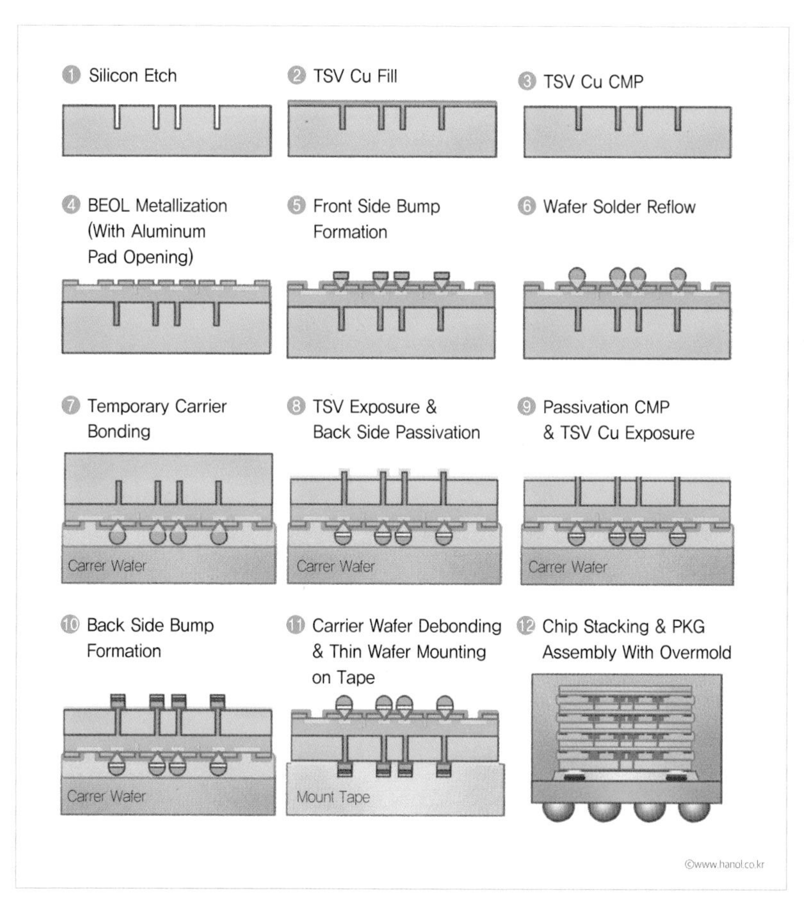

그림 5-14_ TSV 패키지 공정 순서

치에만 Cu가 채워질 수 있게 한다. 이후에 후속 배선 공정(BEOL, Back End of Line)을 진행하여 웨이퍼 공정을 완료한다.

13 **비아 미들(Via Middle)** : TSV 공정을 분류할 때 CMOS 형성 후 금속 배선 공정 전에 TSV를 형성할 때 비아 미들 공정으로 분류한다.

14 **HM(Hard Mask)** : PR과 같이 목적은 패터닝이지만, 기존의 PR보다는 단단한 물질로 상대적으로 미세한 패턴 구현이 가능하다. 그 자체로는 포토 반응을 하지 않아서 HM을 패터닝하기 위해서는 그 위에 PR로 다시 패터닝하고 식각하는 공정이 필요하다.

TSV를 이용한 칩 적층 패키지를 만들 때 크게 두 종류의 패키지를 만들 수 있다. 첫 번째는 3D 칩 적층으로 서브스트레이트를 이용한 패키지(3DS 패키지)를 만드는 것이고, 두 번째는 KGSD(Known Good Stack Die)[15] 형태를 만들고 그것을 다시 2.5D 패키지나 3D 패키지로 만드는 것이다. 여기에서는 KGSD를 만드는 공정과 KGSD를 이용해 2.5D 패키지를 만드는 공정을 설명하겠다.

KGSD는 TSV로 칩 적층된 패키지로 이것을 이용해서 2.5D나 3D 패키지, 팬아웃 WLCSP 등의 추가적인 패키지 공정을 진행한다. KGSD의 대표적인 제품이 HBM(High Bandwidth Memory)이다. KGSD는 추가적인 패키지 공정을 진행해야 하므로 KGSD에 형성된 연결 핀(Pin)이 일반적인 솔더 볼이 아니라 미세 솔더 범프라는 특징이 있다. 이 때문에 칩들이 적층되는 곳이 3DS 패키지의 경우엔 서브스트레이트이지만, KGSD의 경우엔 웨이퍼이며, 이 웨이퍼가 KGSD에서 가장 아랫부분의 칩(Bottom Chip)이 된다. HBM의 경우엔 이것을 베이스 칩 또는 베이스 웨이퍼라고 부르고, 그 위에 적층되는 칩을 코어 칩이라고 부른다.

〈그림 5-15〉에 KGSD의 공정 순서를 개략적으로 나타내었다. 좀 더 자세히 설명하면 베이스 웨이퍼와 코어 웨이퍼 모두 웨이퍼 앞면에 플립 칩 범프 형성 공정으로 범프를 만든다. 베이스 웨이퍼는 2.5D 패키지에서 인터포저에 붙일 수 있는 범프 배열을 가져야 한다. 반면에 코어 웨이퍼는 웨이퍼 앞면에 칩 적층을 위한 배열로 범프를 형성한다. 웨이퍼 앞면에 범프를 형성한 뒤에는 웨이퍼를 얇게 만들고 뒷면에도 범프를 만들어야 한다. 그런데 웨이퍼를 얇게 만들면 컨벤셔널 패키지 공정의 백 그라인딩 공정에서 설명한 것처럼 웨이퍼에 휨(Warpage)이 발생한다. 컨벤셔널 패키지의 경우엔 백 그라인딩 후에 웨이퍼를 원형틀(Ring Frame)에 테이프로 붙여야 휘어지지 않고 후속 공정을 진행할 수 있지만, 웨이퍼 뒷면에 범프를 만들어야 하는 TSV

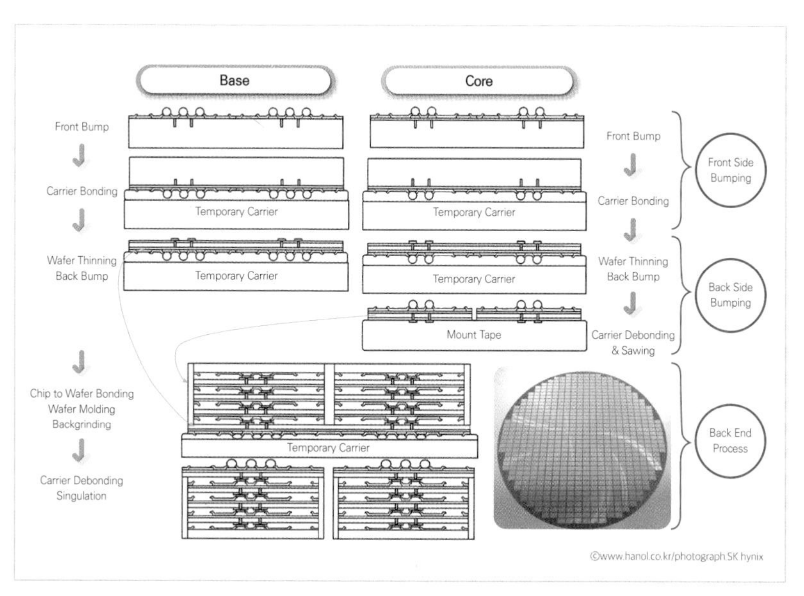

그림 5-15_ KGSD(Known Good Stacked Die) 공정 순서

패키지 공정에서는 불가능한 방법이다. 그래서 개발된 공정이 WSS(Wafer Support System) 공정이다. 캐리어 웨이퍼에 범프가 형성된 웨이퍼 앞면을 가접착용 접착제(Temporary Adhesive)로 붙이고, 뒷면을 그라인딩하여 웨이퍼를 얇게 만든다(Wafer Thinning). 캐리어 웨이퍼에 붙어있기 때문에 얇아진 웨이퍼는 휘어지지 않는다.

또한, 캐리어 웨이퍼도 웨이퍼 형태이므로 그 상태로 웨이퍼 장비에서 공정이 가능하다. 이 구조를 이용하여 얇아진 웨이퍼 뒷면에 범프를 만든다. 코어 웨이퍼는 웨이퍼 앞뒤에 범프가 형성되었으면 캐리어를 떼어내고(Carrier Debonding) 컨벤셔널 패키지 공정처럼 원형 틀에 테이프로 붙여주고, 웨이퍼 절단(Sawing/Dicing)을 한다. 베이스 웨이퍼는 계속 캐리어 웨이퍼에 붙인 상태로 코어 웨이퍼에서 절단한 칩을

15 KGSD(Known Good Stack Die) : 칩들이 적층되고, 적층된 칩들이 테스트를 통해서 양품으로 충분히 검증된 제품을 의미한다. 대표적인 제품이 HBM이다.

떼어내고, 베이스 웨이퍼 위에 칩 적층을 한다. 적층이 완료되면 베이스 웨이퍼에 웨이퍼 몰딩을 하고, 캐리어 웨이퍼를 떼어낸다. 이렇게 되면 베이스 웨이퍼는 코어 칩들이 적층되어서 몰딩된 웨이퍼가 된다. 이 웨이퍼를 2.5D 패키지를 만들 수 있는 타깃 두께로 그라인딩해 주고, 칩 단위로 절단하면 KGSD가 완성되는데, 칩 단위로 절단되기 전에 1장에서 설명한 HBM 테스트를 몰딩된 웨이퍼 상태에서 프루브 카드를 이용해 진행한다. 이렇게 KGSD로 완성된 HBM을 HBM 테스트에서 양품으로 검증된 것을 골라 포장(Packing)하여 2.5D 패키지를 만들 고객에게 보내준다.

HBM과 로직 칩으로 SiP를 만드는 2.5D 패키지는 패키지 공정 순서에 따라 CoWoS(Chip on Wafer on Substrate)과 CoCoS(Chip on Chip on Substrate)로 구분할 수 있다.

CoWos는 대만에 있는 파운드리 회사인 TSMC에서 개발한 공정으

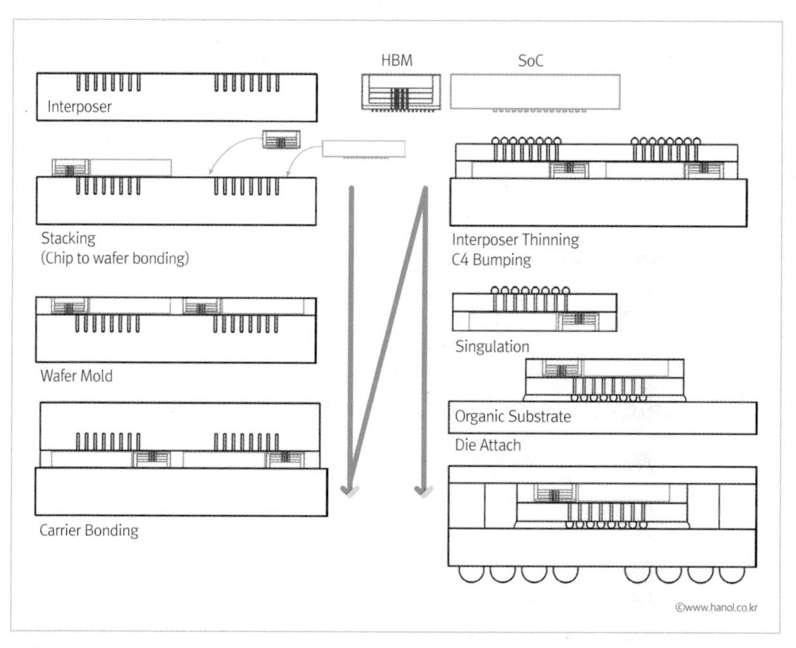

그림 5-16_ 2.5D SiP 제작을 위한 CoWoS(Chip on Wafer on Substrate) 공정 순서

로 〈그림 5-16〉에 나타낸 것처럼 인터포저(Interposer) 웨이퍼 위에 로직 칩과 HBM을 각각 붙이고, 웨이퍼 몰딩을 한 후 이 몰딩된 웨이퍼를 캐리어 웨이퍼와 본딩한다. 그리고 인터포저의 뒷면을 그라인딩하여 얇게 만들고, 서브스트레이트에 붙일 수 있는 솔더 범프를 형성한다. 캐리어 웨이퍼를 떼어 내고, 몰딩된 인터포저 웨이퍼를 단품 단위로 잘라서 서브스트레이트에 붙이고, 후속 패키지 공정을 진행한다. 마지막으로 열 특성을 강화할 방열판(Heat Spreader)[16]을 부착하면 2.5D 패키지가 완성된다. CoCoS는 대부분의 OSAT(Out Sourced Assembly & Test) 회사에서 진행하고 있는 2.5D 패키지 공정이다. 앞면과 뒷면 모두에 범프가 형성된 인터포저를 칩 단위로 잘라서 서브스트레이트에 붙이고, 그 위에 HBM과 로직 칩을 각각 붙인다. 그리고 CoWoS처럼 후속 패키지 공정 및 방열판 부착을 완료한다.

현재 2.5D SiP를 만들기 위한 공정은 대부분 CoWoS를 적용하고 있다. TSMC의 경우 CoWoS 공정 전체를 진행하기도 하지만, 몰딩된

16 **방열판(Heat Spreader)**: 어떤 부품으로부터 발생하는 열을 골고루 재료 전체로 분산시켜 팬을 통해 공기 중으로 쉽게 발열되도록 한다. 열전도가 좋은 금속 같은 재료로 만들어진다.

인터포저 웨이퍼(CoW : Chip on Wafer) 공정까지만 TSMC에서 진행하고, 그 웨이퍼를 절단한 후 패키지를 완성하는 공정(oS : on Substrate)은 OSAT 업체들이 기존의 공정 인프라로 진행하기도 한다.

2.5D SiP의 구조 때문에 HBM의 두께 제한도 생기게 된다. HBM과 로직 칩 위에 방열판을 붙여야 하고, 이를 위해선 HBM과 로직 칩의 두께가 같아야 공정이 안정적이다. 로직 칩은 실리콘 공정으로 만들어지므로 실리콘 웨이퍼의 두께 이상으로 두껍게 만드는 것은 불가능하다. HBM의 두께는 로직 칩의 두께를 그대로 좇아가게 되는데, HBM3E까지는 로직 칩의 두께가 720㎛여서 HBM의 두께도 720㎛였고, 이 한정된 두께에 12개의 HBM을 적층하는 기술이 개발되었다. 16개 이상을 적층해야 하는 HBM4부터는 로직 칩의 두께를 775㎛로 변경하면서 HBM의 두께도 775㎛로 변경되었다. 로직 칩은 실리콘 웨이퍼의 기본 두께를 증가시키지 않고서는 더 두꺼워질 수는 없고, 775㎛라는 한정된 두께에 16개 이상의 칩을 적층해야 하는 HBM은 적층을 위한 기술의 난이도가 더욱 증가한다.

WSS(Wafer Supporting System) 공정

WSS는 백 그라인딩 전에 캐리어 웨이퍼를 붙인 후 백 그라인딩 공정을 진행하여 얇아진 웨이퍼를 백 그라인딩된 면에 추가 공정이 가능할 수 있게 핸들링하는 시스템을 의미한다. TSV 패키지를 위한 웨이퍼에 캐리어를 붙이는 캐리어 본딩(Carrier Bonding) 공정과 웨이퍼 뒷면에 범프 형성 등의 공정을 완료한 후에 다시 캐리어를 떼어 내는 캐리어 디본딩(Carrier Debonding) 공정이 WSS를 위한 공정이다. 〈그림 5-17〉은 WSS를 위한 공정 순서를 나타낸 것으로 캐리어 본딩은 가접착용 접착제를 웨이퍼에 도포한 뒤 캐리어에 붙이는 공정이다. 캐리어 디본딩은 뒷면의 공정이 완료된 후 캐리어를 떼어내고 웨이퍼에 접착제 성분이 남아 있지 않도록 세정하는 공정으로 이루어진다.

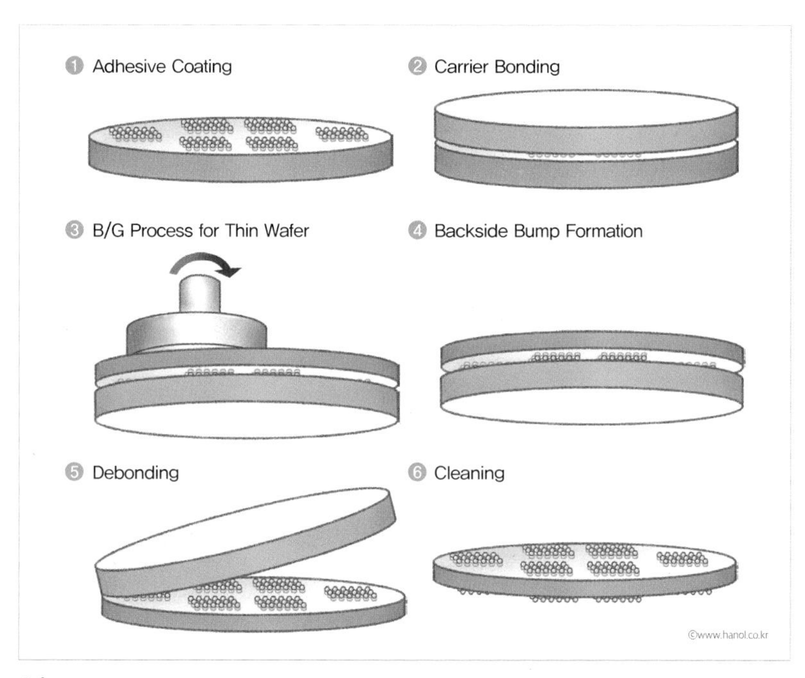

그림 5-17_ WSS 공정 순서

캐리어 본딩 공정에서 고려할 점은 캐리어 본딩으로 붙은 웨이퍼들의 전체 두께가 균일해야 하고, 접합부에 보이드(Void)가 없어야 한는 점이다. 또한 두 웨이퍼 간의 정렬이 잘 되어 있어야 하고, 웨이퍼 가장자리에 접착제로 인한 오염이 없어야 하며, 웨이퍼의 휨이 적게 공정이 진행되어야 한다. 그리고 디본딩 공정에서 고려할 점은 캐리어를 떼어낸 웨이퍼에 칩핑(Chipping)[17]같은 깨짐·균열이 없어야 하고, 접착제 잔여물(Residue)도 남지 않아야 하며 웨이퍼의 범프 변형(Deformation)이 생기지 않도록 공정이 진행되어야 한다.

WSS에서 상대적으로 난이도가 높고 중요한 공정은 디본딩이다. 그래서 다양한 디본딩 방법이 제안되고 개발되었으며, 각 방법에 맞는

17 **칩핑(Chipping)** : 칩의 모서리나 가장자리, 또는 웨이퍼의 가장자리가 깨지는 것이다.

가접착용 접착제도 개발되었다. 대표적으로 열(Thermal) 방식, 레이저(Laser) 조사 후 필름을 벗겨내는(Peel off) 방식, 화학적 용해(Chemical Dissolution) 방식, 기계적으로 들어 올린 후(Mechanical Lift Off) 화학적 세정(Chemical Cleaning)을 하는 방식 등이 있다.

웨이퍼 에지 트리밍(Wafer Edge Trimming) 공정

캐리어 웨이퍼와 본딩 후에 백 그라인딩 공정을 진행하면 TSV 패키지를 만들 웨이퍼는 〈그림 5-18〉의 오른쪽 그림에서 빨간 원으로 표시한 것처럼 가장자리가 날카로워진다. 이 상태에서는 웨이퍼 뒷면에 범프를 형성하기 위한 포토 공정, 금속 박막 형성 공정, 전해 도금 공정 등 수많은 공정을 진행하며 웨이퍼 가장자리가 깨질 위험이 커진다. 웨이퍼 가장자리가 깨지면 그 균열이 내부까지 전파될 수 있고, 결국 추가 공정이 불가능한 상황까지 생긴다. 따라서 수율에서 엄청난 손실이 생기는 것이다. 이러한 문제를 해결하기 위해서 캐리어 웨이퍼와 본딩하기 전에 미리 TSV 패키지를 만들 웨이퍼의 앞면 가장자리를 트리밍해서 제거한다. 이렇게 가장자리 쪽이 제거된 웨이퍼로 캐리어 웨이퍼와 본딩한 후 백 그라인딩을 진행하면 〈그림 5-18〉의 아래 그림처럼 웨이퍼 가장자리의 날카로운 영역이 사라지고, 후속으로 여러 공정을 진행해도 가장자리가 깨질 위험도 사라진다. 일반적으로 트리밍 공정은 웨이퍼 절단용 블레이드가 회전하며 웨이퍼 가장자리를 따라 지나가면서 가장자리의 일정 부분을 제거하는 방식으로 진행된다.

적층(Stacking) 공정

TSV를 이용한 패키지에서는 웨이퍼 앞면과 뒷면에 각각 형성된 범프들을 본딩하여 적층한다. 본딩 방법은 플립 칩 본딩처럼 MR(Mass Reflow)[18]이나 열 압착(Thermo-Compression)[19] 방식 등을 이용한다. 그리고 적층 시 사용되는 형태에 따라 칩 투 칩(Chip to Chip), 칩 투 웨

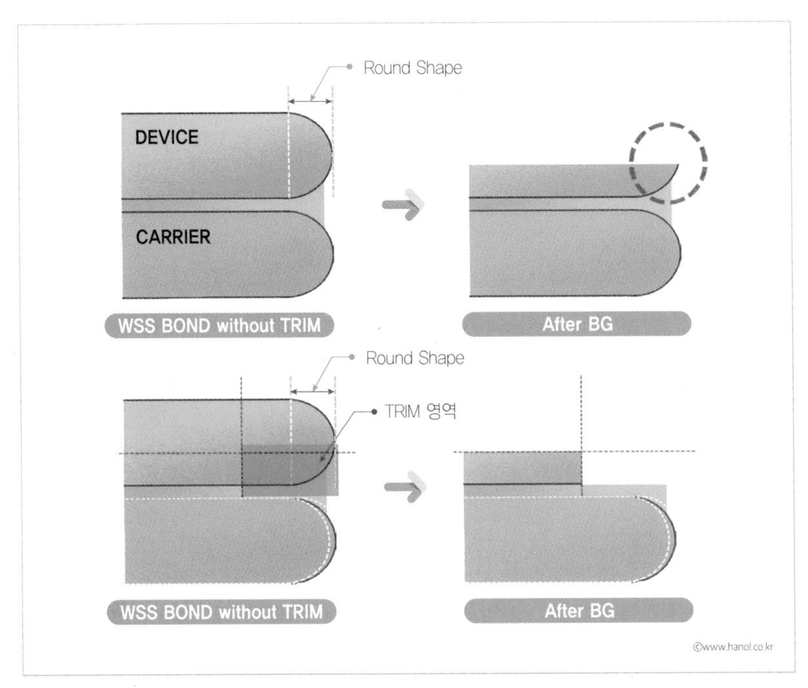

그림 5-18_ 웨이퍼 에지 트리밍

이퍼(Chip to Wafer), 웨이퍼 투 웨이퍼(Wafer to Wafer)로 적층 공정을 나눈다.

TSV가 형성된 칩들을 적층할 때 범프는 미세 범프다. 따라서 범프 간 간격이 작고, 적층되는 칩과 칩 사이 간격도 작아서 본딩의 신뢰성을 높여주기 위해 NCF(Non Conductive File)를 적용한 열 압착 방식이 많이 사용되었다. 하지만 열 압착 방식은 본딩할 때마다 일정 시간 동안 열과 압력을 주어야 해서 전체 공정 시간이 길고 생산성이 낮다는

18 **MR(Mass Reflow)** : 기판상에 여러 디바이스를 정렬 및 안착한 후에 한꺼번에 오븐 등으로 열을 가해 솔더가 녹아서 접합이 되게 하는 공정이다. 한꺼번에 진행되므로 Mass라는 단어를 사용한다.

19 **열 압착(Thermo-Compression)** : 붙이고자 하는 대상에 열과 압력을 주어서 접착하는 공정 방법이다.

단점이 있다. 그래서 최근에는 MR로 본딩한 후 MUF로 언더필 해주는 공정을 적용하기도 한다. 하지만 MR을 사용한 경우 칩의 휨(Warpage)이 심하면 접합이 어려워지므로 칩의 휨을 조절해 줄 수 있는 기술과 본딩 후 칩 간의 미세한 간격을 채워줄 수 있는 MUF용 재료도 개발해야 한다.

적층 시 형태상의 분류로 보면 생산성은 칩 투 칩 방식이 가장 낮고, 웨이퍼 투 웨이퍼 방식이 가장 높다. 하지만 현재 칩 투 칩 방식이 가장 많이 사용되고, KGSD 같은 패키지 타입에서 칩 투 웨이퍼 방식이 적용되고 있다. 웨이퍼 투 웨이퍼 방식은 생산성은 높지만, 이 방식을 적용하기 위해선 우선 적층하는 웨이퍼들의 칩 크기와 배열이 같아야 한다. 이종 제품 적층 시 이 방식을 적용하려면 칩 크기가 가장 큰 제품에 맞춰야 하므로 일부 제품은 필요 없이 칩 크기가 커질 수 있다. 칩 크기가 같다고 하더라도 적층 후에 같은 위치의 칩은 모든 웨이퍼에서 양품이어야 적층 후의 제품도 양품이 된다. 만약 한 웨이퍼에서라도 칩이 불량이면 다른 웨이퍼 내 동일 위치의 칩이 모두 양품이어도 적층된 제품은 불량이 되기 때문이다. 이러한 어려움 때문에 현재는 웨이퍼 투 웨이퍼 적층은 CIS(CMOS Image Sensor) 등의 일부 2층 적층을 위한 제품에서만 한정적으로 사용하고 있다.

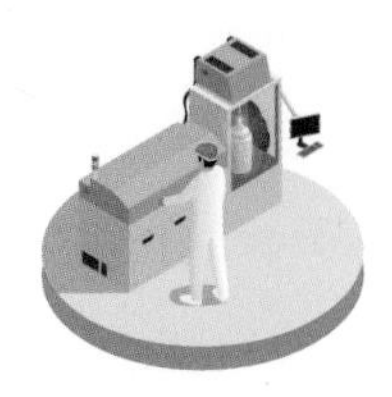

11

측정과 검사

여기에서 설명하려는 측정(Metrology)과 검사(Inspection) 공정은 공정이 진행되는 과정에서 하는 비파괴적인 방법의 측정과 검사로서 해당 공정이 진행된 후에도 웨이퍼나 칩들은 후속 공정을 계속 진행할 수 있다. 즉 생산의 효율화를 위해서 전체적인 공정을 모니터링할 뿐만 아니라 불량이 있는 칩들을 공정 중간에 걸러낼 수 있는 목적으로 진행하는 것이다. 이러한 측정 및 검사 공정은 컨벤셔널 패키지에서도 진행하지만, 웨이퍼 레벨 패키지에서 더 많은 공정을 진행하며, 공정의 수율을 높이는 역할을 한다. 패키지 공정에서만 아니라 전공정에서도 측정과 검사를 진행하는데, 공정의 최종적인 수율을 높이는 목적은 같지만, 활용하는 방법은 약간 다르고, 그에 따라 진행하는 공정 규모도 다르게 된다. 전공정에서 진행하는 측정과 검사 공정은 공정을 모니터링하여 공정 품질을 높이고, 공정 사고를 방지하기 위한 목적이 크다. 그래서 전수 검사보다는 샘플링에 의한 검사가 주를 이루고, 전체 공정에서 측정과 검사 공정이 차지하는 비율도 10% 정도이다. 반면에 패키지 공정은 불량인 칩들을 걸러내는 역할이 크기 때문에 전수 검사를 하는 경우가 많고, 전체 공정에서 검사와 측정 공정이 차지하는 비율도 전공정보다는 높게 된다. 이러한 차이는 전기적 테스트로 양품인,

즉 불량이 없는 칩을 걸러내는 공정의 적용 유무 때문이다.

전공정의 경우엔 공정이 다 완료되면 웨이퍼 테스트, 즉 프루브 카드를 이용한 전기적 테스트를 통해서 최종적으로 양품인 칩을 걸러내고 이를 웨이퍼 맵으로 표시하여 패키지 공정으로 웨이퍼를 보내게 된다. 이 때문에 전공정 중간에는 샘플링 검사 등으로 공정 사고 방지만 하면 된다. 반면에 패키지 공정의 경우엔 패키지 공정 중간에 전기적 테스트인 웨이퍼 테스트를 하지 못하고, 패키지 공정이 다 완료되면 패키지 테스트를 통해서 패키지 제품이 양품인지 아닌지를 판정하게 된다.

패키지에 칩을 하나만 넣어 패키지한 경우에는 웨이퍼 테스트 시 걸려진 양품의 칩으로 패키지를 하기 때문에 패키지가 완료되어 패키지 테스트를 한 결과가 패키지 공정 수율이 그대로 반영되어 큰 이슈가 없다. 하지만, 패키지에 칩을 여러 개 넣는 칩 적층 패키지의 경우엔 이슈가 생긴다. 더 많은 칩을 넣은 패키지일수록 이슈는 더욱 커진다. 예를 들어 패키지 하나에 칩을 8개 넣어 패키지를 하는 경우에 8개 칩 중에 하나가 불량이고, 7개는 정상이어도 패키지 테스트 결과에서는 불량이 된다.

패키지 공정 중에 여러 가지 이유로 웨이퍼 테스트에서는 양품이었

©Photo by Camtek

던 칩이 불량이 된 경우가 생겨 한 개의 칩으로 패키지를 만들어 패키지 테스트하는 경우에 수율이 99%가 되었다고 가정하자. 즉 100개의 칩으로 패키지 공정을 진행했을 때 1개의 불량이 생기는 경우인 것이다. 이와 같은 불량이 생기는 공정으로 진행된 칩을 8개 넣은 패키지를 만들었다면 패키지 테스트 시 수율은 92%(=0.99의 8제곱)이고, 16개 넣은 패키지를 만들었다면 수율은 85%(=0.99의 16제곱)가 된다. 16개의 칩을 넣은 패키지를 만드는 경우에 100개의 칩으로 패키지를 만들면 이 중 15개 칩을 버린다는 의미이다. 공정 수율만 생각하면 1개의 칩만이 공정으로 불량이 발생했는데, 실제 양산 진행하면서 버리는 칩은 15개가 된다는 것이다. 이것은 양산의 개념으로 보면 엄청난 손실이다. 이를 막는 최선의 방법은 패키지 공정 중에 발생하는 100개 중 1개의 불량인 칩을 적층 등의 후속 공정을 진행하지 않도록 걸러내어 공정이 잘 진행된 나머지 99개의 칩만으로 16개 칩을 적층한 패키지를 만드는 것이다. 그리고 전기적 테스트 없이 이러한 불량인 칩을 걸러내는 방법이 바로 검사와 측정이다. 이 때문에 패키지 공정에서는 전공정에 비해서 더 많은 검사와 측정의 공정이 있게 되고, 샘플링이 아닌 전수 검사를 많이 하게 되는 것이다.

검사(Inspection)는 X-ray, 초음파, 광학 등으로 검사하고자 하는 대상의 표면 또는 내부를 관찰하여 이물질이나 비정상 패턴 등의 불량을 걸러낸다. 이 때 불량을 감지할 수 있는 크기 감도, 즉 얼마나 작은 불량을 걸러낼 수 있는지와 불량을 검사하는 속도가 중요하다. 더 작은 불량을 감지하게 할수록 검사 속도는 느리다. 그러므로 공정에 영향을 줄 수 있는 최소 크기 이상의 불량을 얼마나 빠른 속도로 검사할 수 있는지가 검사 장비와 공정의 능력치가 된다.

또한 동시에 고려할 것은 검사할 때 사용하는 광원이나 파장이 반도체 특성에 영향을 주는지 여부이다. 예를 들어 X-ray의 경우엔 반도체 특성에 영향을 줄 수 있으므로 X-ray 검사를 진행한 샘플은 후속 공정을 진행하지 못하고 버려야 한다. 당연히 전수 검사를 진행하려면 반도체 특성에 영향을 주지 않는 광원이나 파장을 사용해야 한다.

측정(Metrology)은 물리적인 양의 측정과 그와 관련된 기술을 의미하는데, 길이/질량/부피 등 일상생활에 관계 깊은 양뿐만 아니라 기본량에 관계 있는 전기적, 열적 양과 기타의 물리량도 포함한다. 반도체에서는 공정의 품질을 파악할 수 있는 중요 공정 결과물들을 주기적으로 측정함으로써 공정의 안정성을 평가하고, 결과물의 트렌드(Trend)를 관리함으로써 불량을 미리 감지하고 대응할 수 있게 한다.

반도체 패키지에서는 칩이나 웨이퍼의 두께, 막을 형성한 층의 두께, 범프 같은 구조물의 높이, 패턴이나 비아(Via)의 너비, 합금 조성을 가진 솔더의 경우엔 솔더의 조성 비율(예를 들어 Sn-3Ag 합금 범프의 경우 Sn 97%, Ag 3%의 조성 비율) 등을 측정한다. 패키지 공정의 품질 관리를 위해 측정은 매우 중요한 수단이 되는데, 그런 만큼 측정한 결과를 모두가 신뢰할 수 있어야 한다.

측정의 신뢰를 높여주는 것은 측정, 즉 계측의 정확도(Accuracy)와 정밀도(Precision)이다. 정확도는 참값(True Value)에 얼마나 가까운지를 나타내는 척도이고, 정밀도(Precision)는 반복해서 측정했을 때 얼마나 일치하는지를 나타내는 척도이다. 정확도가 낮으면 당연히 측정의 결과에 대한 신뢰도가 낮을 것이고, 정밀도가 낮으면 결과물의 산포가 커지게 되므로 공정의 관리가 어려워진다. 같은 측정 공정이어도 장비가 여러 대일 수도 있고, 측정하는 사람이 여러 사람일 수 있다. 이때 측정 장비마다 측정하는 사람마다 다른 결과가 나온다면 전체적으로 그 측정 공정에 대한 신뢰도는 떨어질 것이다. 그러므로 정확도와 정밀도에 대한 관리가 필요하며 이를 위해서 표준 시료 등을 사용한다. 정확한 측정값을 알고 있는 표준 시료를 측정함으로써 정확도와 정밀도를 주기적으로 보정하게 하는 것이다. 이러한 작업을 게이지 R&R이라고 부른다.

AI 시대에 대응하는
반도체 패키지와 테스트

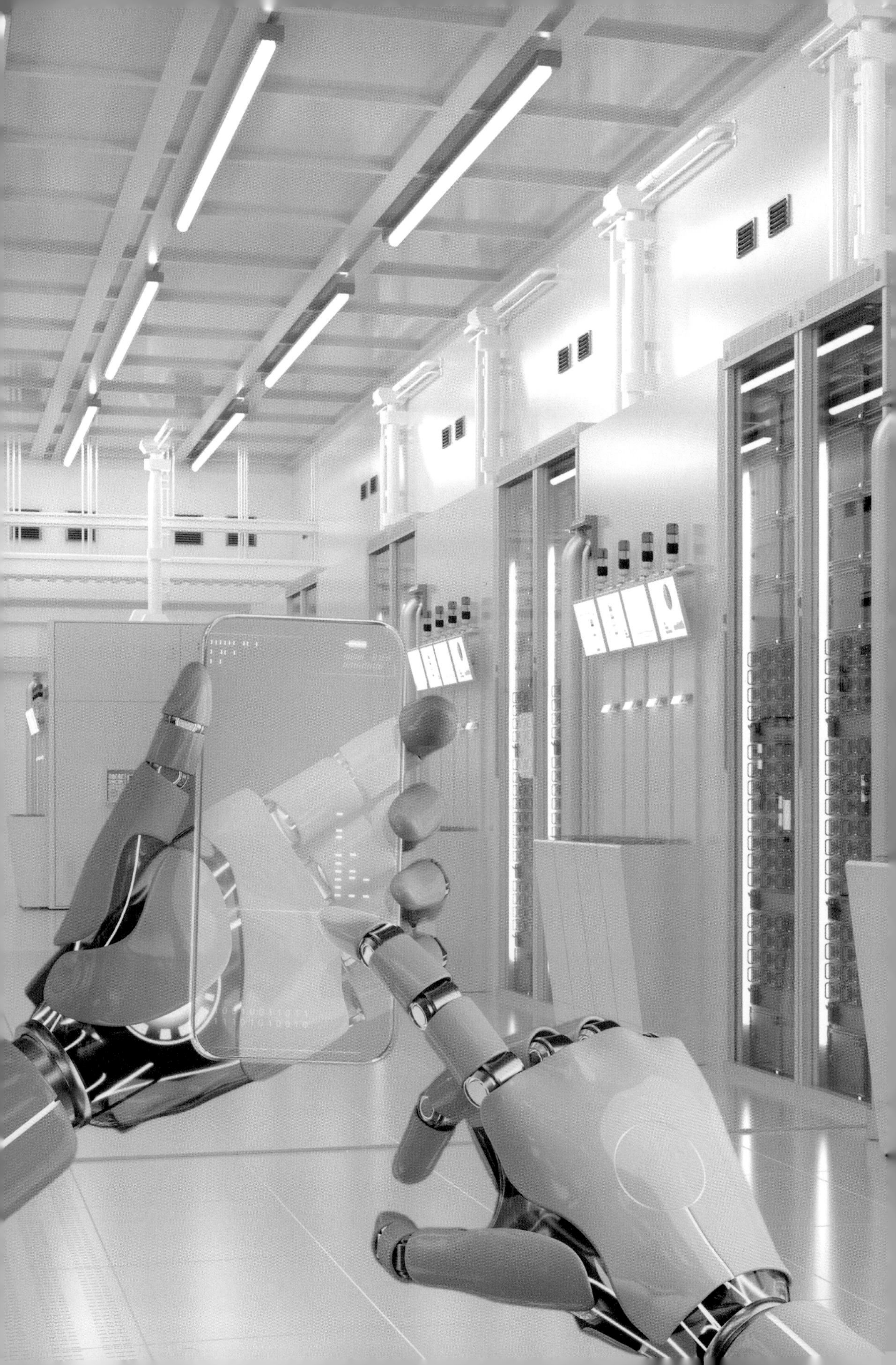

Chapter 06

반도체 패키지 재료

1 원재료와 부재료

자연적, 화학적, 열적 환경으로부터 칩 소자를 보호하기 위해서는 '반도체 패키지' 환경 테스트에서 높은 신뢰성이 요구된다. 이는 '반도체 패키지' 재료와 밀접히 관련 있는 부분이다. 또한, 하이스피드(High Speed)에 따라 패키지 내 서브스트레이트(Substrate)의 저유전율, 저유전 손실률 등 패키지 재료의 전기적 특성의 요구가 높아지는 추세다. 그래서 전력 반도체나 CPU, GPU 같은 로직 반도체에서뿐만 아니라 최근에는 메모리 반도체에서도 열 방출 기능과 관련해서 열전도가 좋은 재료에 대한 요구가 이어지고 있다. 이와 같이 '반도체 패키지' 재료는 반도체 산업 동향에 발맞추고 제품의 기능을 개선하기 위해 반드시 이해해야 한다.

패키지 공정에서 사용되는 재료는 크게 원재료와 부재료로 구분할 수 있다. 원재료는 패키지를 구성하는 재료로서, 공정 품질 및 제품의 신뢰성에 직접적인 영향을 주는 재료다. 부재료는 패키지 공정 중에 사용된 후 제거되어 제품 구조에는 포함되지 않는 재료이다.

〈그림 6-1〉은 일반적인 컨벤셔널 패키지에서 공정별로 사용하는 패키지 재료를 보여준다. 컨벤셔널 패키지에서 원재료로 사용되는 유기물 복합 재료는 총 6종으로 접착제(Adhesive), 서브스트레이트(Sub-

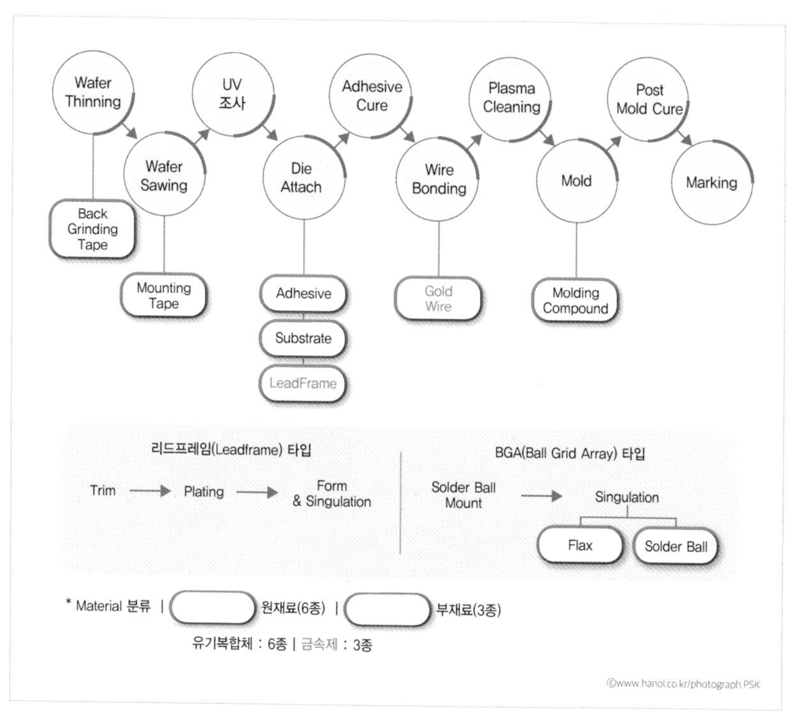

그림 6-1_ 컨벤셔널 패키지 공정별 사용 재료

strate), 에폭시 밀봉재(EMC, Epoxy Molding Compound)가 있고, 그중 금속 재료는 리드프레임(Leadframe), 와이어(Wire), 솔더 볼(Solder Ball) 등이 있다. 그리고 부재료는 테이프(Tape)류 및 플럭스(Flux)가 있다.

2

리드프레임

리드프레임(Leadframe)은 리드프레임 타입 패키지에서 패키지 내부의 칩과 외부의 PCB 기판을 전기적으로 연결하는 역할을 하며, 반도체 칩을 지지해 주는 핵심 재료이다.

리드프레임을 만드는 금속판은 보통 열팽창 계수를 Si칩과 유사하게 만든 Alloy 42[1]나 열전도 및 전기 전도도가 우수한 구리를 사용한 합금이 사용된다. 금속판에서 리드프레임을 만드는 방법은 2가지인데, 에칭(Etching)법과 스탬핑(Stamping)법이 있다. 에칭법은 리드프레임의 패턴(Pattern)에 따라 포토 레지스트(Photo Resist, PR)를 금속판에 도포하고 에천트(Etchant)[2]에 노출해 포토 레지스트가 도포되지 않은 부분은 제거하고 리드프레임을 만든다. 주로 미세한 리드프레임 패턴이 필요할 때 에칭 방법을 사용한다. 스탬핑법은 고속 프레스(Press)에 프로그레시브 금형(Progressive Die)[3]을 장착하여 리드프레임을 만드는 방법이다.

1 **Alloy 42** : 철(Fe) 계열 합금 중 하나로 열팽창 계수가 Si 비슷한 특성을 가짐
2 **에천트(Etchant)** : 에칭 공정에서 부식을 진행하는 화학 용액이나 가스 등의 물질을 통칭
3 **프로그레시브 금형(Progressive Die)** : 여러 단계의 공정을 하나의 공정으로 연속, 압축해 진행하는 금형 기술

3

서브스트레이트

서브스트레이트(Substrate)는 리드프레임이 아닌 솔더 볼을 사용하는 BGA(Ball Grid Array) 패키지에서 패키지 내부의 칩과 외부의 PCB 기판을 전기적으로 연결하는 역할을 하며, 반도체 칩을 지지해 주는 핵심 재료다. 〈그림 6-2〉는 패키지 공정 후에 서브스트레이트의 단면 구조로 아랫면에 솔더 볼이 붙어 있고 윗면에 와이어가 연결되어 있다. 서브스트레이트의 가운데는 코어(Core)라는 재료로 형성되어 있는

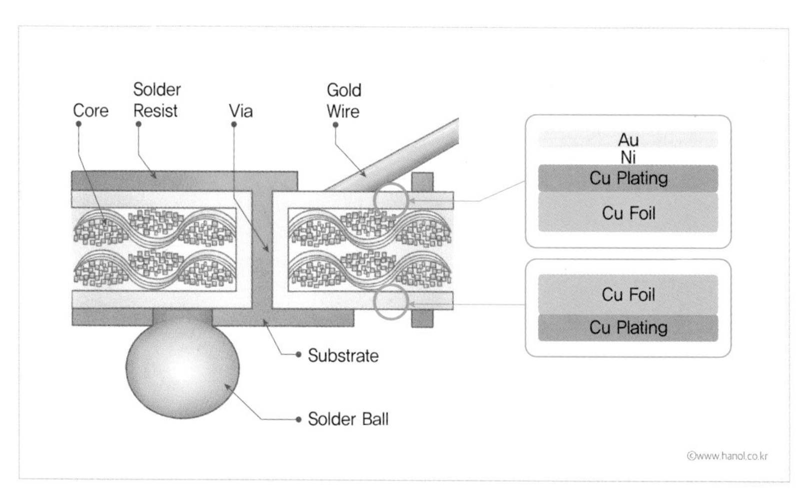

그림 6-2_ 서브스트레이트 패키지 공정 후 단면 구조

데, 코어는 열 안정성이 우수한 BT(Bismaleimide Triazine)[4] 레진(Resin)이 함침(含浸)[5]된 유리 섬유(Glass Fabric) 양면에 얇은 구리막인 동박(銅箔, Cu Foil)을 붙인 것이다. 동박에 금속 배선을 만들고, 그 위에 솔더 레지스트를 형성해 금속 패드를 노출하여 보호막 역할을 한다.

서브스트레이트(Substrate) 제조 공정

서브스트레이트는 패널(Panel) 형태로 제작되며, CCL(Copper Clad Lamination)부터 시작하여 패드 부분을 표면 처리하고 최종 검사하는 공정으로 끝난다. 순서는 다음과 같다.

CCL은 BT 레진이 함침된 프리프레그(Prepreg)[6] 양면에 동박을 붙여 완전 경화한 것이다. CCL에 드릴링으로 구멍을 뚫는데, 절연체로 구성되는 층간의 전기적 연결을 위한 통로를 만드는 것이다. 그 후 서브스트레이트의 절연층 사이에서 전기적 연결의 매체로 사용되는 구리를 사용하여, 드릴링으로 형성한 구멍의 벽면을 도금하거나 구멍 전체를 채워 전기적 연결을 마무리한다. 그리고 동박과 도금으로 형성된 구리(Cu)층이 전기 배선 역할을 할 수 있도록 에칭(Etching)을 통해 배선을 만든다. 배선 공정이 완료되면 검사 장비로 배선에 발생할 수 있는 불량을 자동 검사하는 AOI(Auto Optical Inspection)[7]를 진행한다.

서브스트레이트는 금속층인 Cu층을 2층 레이어(Layer)로 적용하면 별도의 적층 공정이 필요 없다. 하지만 3층, 4층 등으로 늘리기 위해서는 적층 공정이 필요하다. 적층을 위해서는 먼저 코어에 형성된 동박(Cu Foil) 표면을 일부러 산화해 표면 거칠기(Surface Roughness)를 강화한다. 이는 적층 시 동박에 붙을 절연막인 프리프레그(Prepreg)와의 접착력을 높이기 위해서다. 프리프레그는 유리 섬유에 BT 수지를 함침하여 반경화(半硬化)한 것이다. 프리프레그와 동박을 고온·진공 상태의 코어에서 가열, 가압하여 붙인 뒤 경화(硬化)하면 절연층과 금속층이 쌓인다. 적층으로 추가된 금속층을 기존의 금속층과 전기적으로 연결하고, 금속 배선을 만들기 위해 '드릴링 → Cu 도금→ 금속 배선 형성' 공정을 반복한다. 서브스트레이트의 제일 바깥 표면층으로 형성되는 솔더 레지스트는 Cu 배선을 보호하고, 전기적 연결을 고려한 선택적 절연막을 형성하는 공정으로 외부의 열과 충격으로부터 서브스트레이트 전체를 보호하는 역할을 한다. 또한, 솔더 볼이 붙는 영역을 제한해 서브스트레이트에 솔더 볼을 붙이는 리플로우 공정에서 금속과 젖음성(Wettability)[8]이 좋은 솔더가 금속층 전체로 녹아내리지 않게 한다. 덕분에 패키지에서 솔더 볼의 높이는 균일하게 유지될 수 있다.

솔더 레지스트(Solder Resist, SR)는 액상 타입은 도포하여 층을 형성시키고, 드라이 필름 타입은 필름 라미네이션 공정으로 붙인다. 패턴을 만들 때는 'SR 도포(Printing)→ SR 노광(Exposure) → 현상 → 에칭 → 박리(Stripping)' 순으로 공정을 진행한다. 솔더 레지스트의 패턴 공정으로 노출된 동박은 와이어를 연결하거나 솔더 볼을 붙일 부분이다. 하지만 표면이 산화되거나 손상되면 패키지 공정에서 불량이 발생하므로 동박 표면의 산화를 방지하거나 패키지에서 칩과 서브스트레이트의 연결을 용이하게 하는 금속 표면 처리(Metal Surface Finish) 공정을 진행해야 한다. 표면 처리까지 완료하면 패널로 제작된 서브스트레이트를 스트립(Strip) 단위로 자르는 공정을 한 후 최종적으로 검사를 진행한다. 검사에 통과된 제품은 포장하여 패키지 공정을 진행하는 곳에 납품한다.

4 **BT(Bismaleimide Triazine)** : PCB 재질 중 하나로 내열성이 있는 비스말레이미드(Bismaleimide)와 트리아진(Triazine)을 반응시켜 만든 합성수지의 일종

5 **함침(含浸)** : 형태를 만드는 주물 공정에서 발생된 틈새를 메우는 것으로 도금 공정에서 도장의 불량을 줄이기 위해 필요함

6 **프리프레그(Prepreg)** : 'Pre-impregnated material'의 줄임말로, 수지와 탄소 섬유를 미리 일정한 비율로 미리 함침한 시트 형태의 중간재

7 **AOI(Auto Optical Inspection)** : 자동 광학 검사

8 **젖음성(Wettability)** : 고체 위에 액체를 떨어뜨렸을 때 액체가 퍼지는 정도로, 고체 표면과 접촉을 유지하기 위한 구동력으로 작용하는 성질

4 접착제

접착제(Adhesive)는 페이스트(Paste) 타입의 액상이나 필름(Film) 타입의 고상 형태다. 주로 열경화성 에폭시 계열 고분자로 이루어졌으며, 리드프레임 또는 서브스트레이트의 면에 칩을 접착하거나 칩 적층 시 칩과 칩을 접착하는 역할을 한다.

접착제가 패키지의 환경 시험에서 높은 신뢰성을 확보하기 위해서는, 높은 접착력과 낮은 흡습률, 적정한 기계적 물성(Tg, CTE, Modulus) 및 낮은 이온 불순물이 필요하다. 또한 공정 품질 확보를 위해서는 고온·고압의 접착 공정 시 재료의 흐름성 및 접착 계면의 젖음성이 높아야 하고, 보이드(Void)[9] 발생을 억제하여 높은 계면 접착력을 발휘해야 한다. 이를 위해서는 유변 물성인 점도, 요변성(Thixotropy)[10] 및 경화 특성의 최적화가 요구된다. 그리고 칩과 리드프레임 또는 서브스트레이트 표면에서의 접착력도 높아야 한다.

액상 접착제는 에폭시(Epoxy) 접착제와 실리콘(Silicone) 접착제가 있으며, 고상 접착제는 리드프레임에 사용되었던 LOC(Lead On Chip) 테이프가 있고, 같은 크기의 칩을 적층할 때 칩 간의 간격을 띄우기 위해서 사용하는 스페이서(Spacer) 테이프, 그리고 서브스트레이트에 칩을 붙일 때나 칩을 적층할 때 사용하는 DAF(Die Attach Film)가 있다.

DAF는 웨이퍼 뒷면에 부착되기 때문에 WBL(Wafer Backside Laminate) 필름이라고 부르기도 한다.

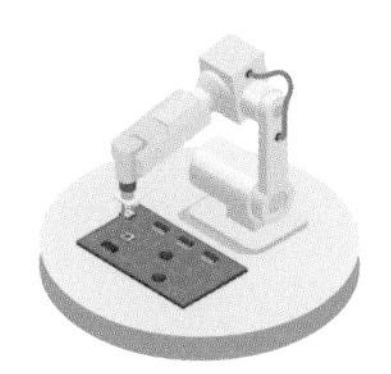

9 **보이드(Void)** : 재료 내부에서 형성되는 빈 구멍이나 공기 주머니로, 재료의 제작 시에나 열처리가 들어간 공정 중에 발생하는 불량 중 하나

10 **요변성(Thixotropy)** : 액체 물질을 휘저어 주는 등의 전단력이 작용할 때는 점성도가 감소하고, 전단력의 작용이 없을 때에는 점성도가 증가하는 현상

5

에폭시 몰딩 컴파운드

EMC(Epoxy Molding Compound, 에폭시 몰딩 컴파운드)는 '반도체 패키지' 공정에 사용되는 봉지재(Encapsulant)[11]로 열에 의해 3차원 연결 구조를 형성하는 열경화성 에폭시 고분자 재료와 무기 실리카 재료를 혼합한 복합 재료다. EMC는 칩을 둘러싼 재료이므로 물리적·화학적 외부 환경으로부터 칩을 보호해야 하고, 칩이 동작할 때 발생하는 열을 효과적으로 방출할 수 있어야 한다. 그리고 원하는 패키지 형태가 되도록 EMC도 원하는 형상으로 쉽게 성형할 수 있어야 한다. 그리고 서브스트레이트,

표 6-1_ EMC의 형태

Tablet	Powder/Granule	Liquid
Transfer 몰딩	Compression 몰딩, Wafer 몰딩	Wafer 몰딩

칩 등의 다른 패키지 재료와 계면을 형성하고 있으므로, 그 재료와의 접착성이 좋아야 패키지 환경 신뢰성을 만족할 수 있다.

〈표 6-1〉은 EMC의 형태와 적용되는 공정 방식을 나타낸 것이다. 태블릿(Tablet) 형태로 만든 EMC는 트랜스퍼(Transfer) 몰딩 방식에 주로 사용되고, 가루(Powder/Granule) 형태의 EMC는 압축(Compression) 몰딩이나 몰딩할 크기가 큰 웨이퍼 몰딩에 주로 사용된다. 성형이 어려운 웨이퍼 몰딩에는 액체 형태의 EMC가 사용되기도 한다. 최근에는 팬아웃 WLCSP나 대면적의 PLP(Panel Level Package)의 경우는 EMC를 필름 형태로 만들어 진공 라미네이션하는 방법을 사용하기도 한다. 그 외 플립 칩 공정 시에 언더필(Underfill)과 몰딩을 한번에 진행하는 MUF(Molded Underfill)용 EMC도 있다.

11 **봉지재(Encapsulant)** : 반도체 패키징에 사용되는 봉지재는 EMC로, 외부의 열에 의해 3차원 경화 구조를 형성하는 열경화성 고분자 재료로 구성되며, 열과 수분, 충격으로부터 내용물을 보호하는 기능을 함.

6

솔 더

솔더(Solder)는 낮은 온도에서 녹는 금속으로, 이 특성을 활용해 여러 구조체에서 전기적 연결과 기계적 연결을 함께 하는 재료로 널리 사용된다. '반도체 패키지'에서는 패키지와 PCB 기판을, 플립 칩에서는 칩과 서브스트레이트를 전기적·기계적으로 연결하는 역할도 한다. 패키지와 PCB 기판을 연결하는 솔더는 주로 볼(Ball)의 형태인데, 30㎛에서 760㎛까지 크기는 다양하다. 요즘은 전기적 특성을 높이기 위해 패키지와 PCB 기판의 연결 핀(Pin) 수를 늘리는 추세라 사용하는 솔더 볼도 점점 더 작아지고 있다.

솔더 볼에 대한 요구 사항

솔더 볼은 솔더 합금인 경우 합금 조성이 균일해야 한다. 균일성이 부족할 경우 온도 사이클 시험(TC, Thermal Cycle) 및 낙하(Drop) 충격에 대한 신뢰성이 취약해질 수 있다. 그리고 내산화성도 우수해야 한다. 원자재 혹은 리플로우 공정 중에 산화막이 과도하게 생성되는 경우 볼이 제대로 붙지 않는 논웨트(Non-wet)[12] 불량이 발생할 수 있다. 때문에 솔더 볼 공정 중 산화막 제거를 위해 플럭스(Flux)를 사용하며, 리플로우(Reflow) 시 질소(N_2) 가스로 불활성 분위기 조성이 필요하다. 그리고 보이드(Void)가 없어야 한다. 보이드가 존재하면 솔더의 양이 부족하여 솔더 접합부에 대한 신뢰성이 떨어지기 때문이다. 그리고 솔더 볼의 크기도 중요하다. 크기가 균일해야 공정 효율이 높아지기 때문이다. 또한, 솔더 볼 표면은 오염이나 덴드라이트(Dendrite)[13] 성장물이 없어야 한다. 오염과 덴드라이트 성장물은 공정의 불량률을 높이고 솔더 접합부의 신뢰성을 떨어뜨린다.

솔더 볼의 조성

예전에는 기계적 성질과 전기 전도도가 좋은 주석 합금(Pb-Sn)을 많이 썼다. 하지만 납이 인체에 유해한 물질로 환경 규제(RoHS[14])를 받으면서 지금은 납 함량이 700ppm 이하인 무연(Lead Free) 솔더를 주로 사용하고 있다.

12 **논웨트(Non-wet)** : 솔더 범프나 솔더 볼이 리플로우 등의 접합 공정에서 접합되어야 할 부분에 접합되지 못하고 떨어져 있는 현상

13 **덴드라이트(Dendrite)** : 덴드라이트는 나뭇가지 같은 모양으로 발달하는 결정으로, 자연에서 발견되는 프랙털의 한 가지

14 **RoHS(Restriction of the use of Hazardous Substances in EEE, 전기 전자 제품 유해 물질 사용 제한 지침)** : EU에서 발표한 특정 위험 물질 사용 제한 지침

7 테이프

테이프(Tape)는 동종 또는 이종의 고체면과 면을 영구적으로 접착하는 접착용 테이프와 일시적인 점착(접착의 일종)으로 응집력과 탄성을 가져 접착·박리가 가능한 절삭(Dicing) 테이프, 백 그라인딩(Back Grinding) 테이프가 있다. 이때 사용되는 재료를 PSA(Pressure Sensitive Adhesive)라고 한다.

백 그라인딩 테이프는 웨이퍼 백 그라인딩 공정을 진행할 때 웨이퍼 상에 구현된 소자를 보호하기 위해 웨이퍼의 앞면에 붙이는 테이프다. 백 그라인딩 공정이 완료되면 다시 박리해야 하며, 박리 후 점착제 성분이 웨이퍼에 남아 있지 않게 해야 한다.

절삭 테이프는 일명 마운팅(Mounting) 테이프라고도 부르며, 웨이퍼를 원형 틀(Ring-Frame)에 고정하고, 웨이퍼 절삭 공정 진행 시 칩들이 떨어지지 않도록 지지하는 역할을 한다. 웨이퍼 절삭 시에는 접착력이 좋아야 하지만, 절삭 테이프에서 칩을 떼어 서브스트레이트 등에 붙일 때는 잘 떨어져야만 한다. 그래서 절삭 테이프에는 자외선(UV)에 반응하는 PSA가 있어 칩을 떼어내기 전에 자외선을 조사하여 접착력을 약하게 만든 후에 칩을 떼어낼 때 박리를 쉽게 한다. 기존에는 백 그라인딩 후에 절삭 테이프에 웨이퍼를 붙였지만, 접착제에서 설명한

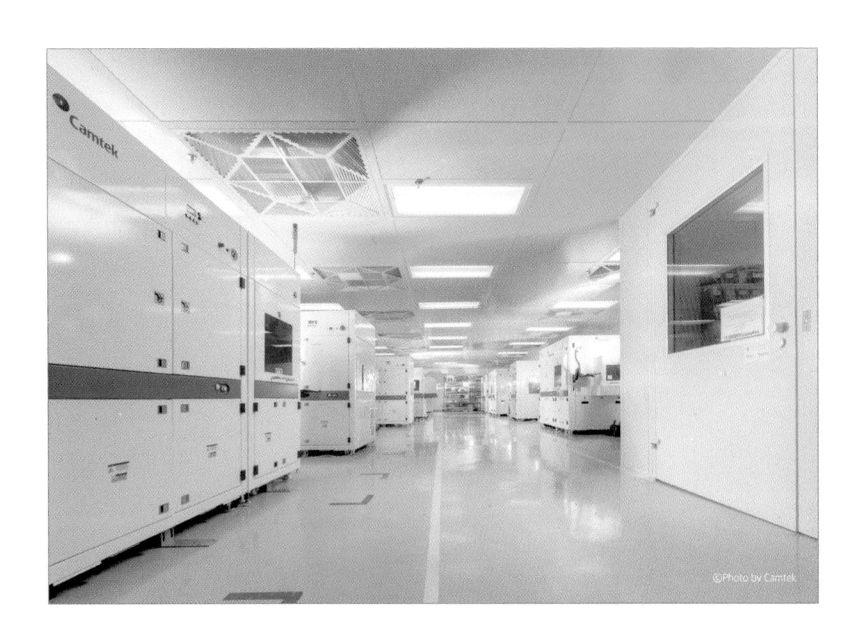

WBL이 칩의 접착제로 널리 사용되면서 WBL 필름과 절삭 테이프가 함께 있는 테이프에 백 그라인딩된 웨이퍼를 붙인다.

8 와이어

칩과 서브스트레이트 또는 리드프레임, 칩과 칩을 전기적으로 연결하는 와이어(Wire)는 주로 순도가 높은 금(Au)을 사용한다. 금이 전성(얇게 퍼지는 성질)과 연성(길게 늘어나는 성질)이 좋아 와이어 연결 공정에 유리하며 내산화성 등이 좋아서 신뢰성이 높고, 전기 전도도가 우수하여 전기적 특성까지 좋기 때문이다. 하지만 금은 가격이 비싸므로 제조 비용이 커진다. 때문에 금 와이어(Gold Wire)의 굵기를 가늘게 줄인 것을 적용하기도 하지만, 과하면 와이어가 끊어지기 쉬워 한계가 있다. 그래서 은(Ag) 등의 다른 금속을 넣어서 합금을 만들기도 하고, 금 코팅한 은(Au Coated Ag), 구리(Cu), 팔라늄 코팅한 구리(Pd Coated Cu), 팔라늄 합금 코팅한 구리(AuPd Coated Cu) 등을 사용하기도 한다. 가격 경쟁력 때문에 금 와이어 대신 구리 와이어를 적용한 제품이 늘어나고 있는데, 구리 와이어는 금에 비해 전성과 연성은 조금 떨어지지만, 전기 전도도가 좋다. 하지만 산화가 잘 되는 특성 때문에 와이어 연결 후뿐만 아니라 공정 중에서 와이어가 산화되는 문제가 있다. 그래서 구리 와이어의 경우에는 금 와이어와 다르게 연결 장비를 밀폐하고, 장비 안은 N_2 가스 등으로 채워 구리 와이어가 공기에 노출되어 산화되지 않게 관리하고 있다.

그림 6-3_ 금(Au) 와이어

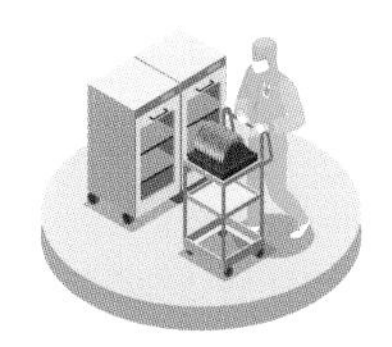

9 포장 재료

패키지 공정 후 패키지 테스트 공정까지 완료되면 고객에게 보낼 반도체 제품을 출하하는데, 이때 T&R(Tape & Reel)이나 트레이(Tray)를 사용한다. T&R은 패키지 크기에 맞춰 제작한 포켓이 있는 테이프에 패키지들을 넣고, 이 테이프를 릴(Reel)로 말아서 포장한 후 출하한다. 트레이는 패키지를 트레이에 넣고, 이 트레이를 적층하여 포장한 후 출하한다.

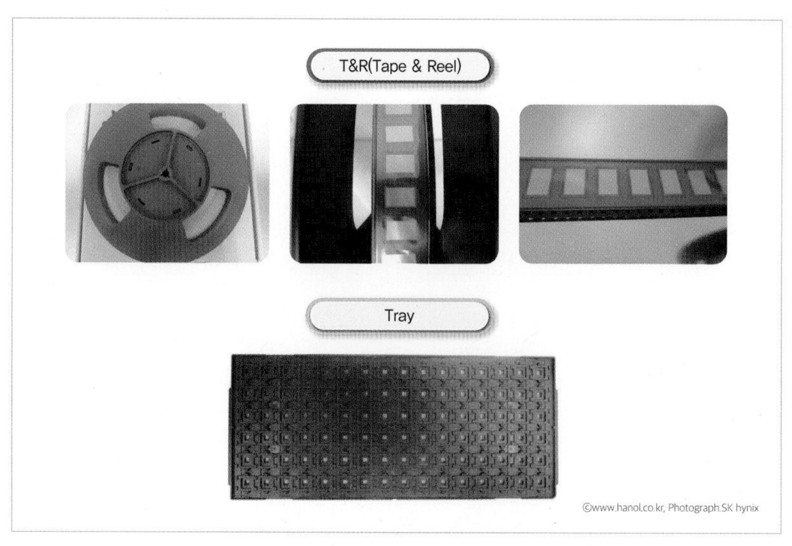

그림 6-4_ 위에서부터 T & R(Tape & Reel)과 Tray

10 포토 레지스트

포토 레지스트(Photo Resist, PR)는 용해 가능한 고분자와 빛 에너지에 의해 분해 또는 가교(결합, 연결) 등의 화학적인 반응을 일으키는 물질을 용매에 녹인 혼합 조성물이다. 웨이퍼 레벨 패키지 공정에서는 포토 공정에서 구현하고자 하는 패턴(Pattern)을 형성하고, 뒤이어 진행되는 후속 전해 도금 공정에서 포토 레지스트가 없는 부분에 도금으로 금속 배선을 형성하는 배리어(Barrier) 역할을 한다. 포토 레지스트는 〈표 6-2〉와 같은 물질로 구성되어 있다.

포토 레지스트는 빛에 반응하는 성질에 따라 포지티브 레지스트(Positive Resist)와 네거티브 레지스트(Negative Resist)로 나뉜다. 포지티브 레지스트는 빛을 받은 영역에 분해 작용(Decomposition)이 일어나 약해지고, 빛을 받지 않은 부분은 가교 결합(Cross Link)이 일어

표 6-2_ 포토 레지스트 구성 물질과 역할

구 성	역 할
Sensitizer(PAC/PAG)	빛과 반응하여 이미지(Image) 형성
수지(Resin)	에칭이나 전해도금 시 배리어(Barrier) 역할
솔벤트(Solvent)	포토 레지스트에서 점도를 만들어서 도포 가능하게 하는 역할

나서 결합이 강해지는 특성이 있다. 따라서 빛을 받은 노광 영역은 현상(Develop) 시 제거된다. 반면에 네거티브 레지스트는 빛을 받은 부분에 가교 결합[15]이 발생하여 단단해지므로, 현상 시 빛을 받은 영역이 남아 있고, 빛을 받지 않은 영역이 제거된다. 일반적으로 네거티브 레지스트가 포지티브 레지스트보다 점도가 높아서 스핀 코팅 공정에서 더욱 두껍게 포토 레지스트를 입힐 수 있다. 때문에 솔더 범프(Solder Bump)를 높게 형성해야 할 때는 네거티브 레지스트를 이용하거나 포지티브 레지스트를 2번 이상 코팅한다.

반도체가 스케일 다운되면서 더 미세한 패턴을 형성할 수 있도록 파장이 짧은 빛들이 포토 공정에 사용되었고, 포토 레지스트는 그에 맞춰 발전해 왔다. g-line/i-line[16]용 포토레지스트는 용액 억제형(Photo Active Compound, PAC)이 사용되고, 그보다 더 작은 파장에는 화학 증폭형이 사용된다. 웨이퍼 레벨 패키지는 현재 i-line 스텝퍼(Stepper)[17]에 사용되는 포토 레지스트를 주로 사용하고 있다.

포토 공정으로 진행하는 재료는 포토 레지스트 외에 PSPI(Photo Sensitive Polyimide) 같은 절연(Dielectric) 물질이 있다. RDL층의 금속 배선 층간 절연층이나 웨이퍼 레벨 패키지 표면에서 금속 배선은 보호하고 솔더 볼을 붙일 패드를 열어주는 보호층(Passivation layer) 또는 솔더 레지스트(SR, Solder Resist) 역할을 해주는 재료가 절연 재료인데, 이 재료로는 PI(Polyimide)가 많이 사용된다. 기존에는 이 절연층에 패턴을 만들어 줄 때 그 위에 포토 레지스트를 이용해 패턴을 만든 후 그 패턴을 이용해 추가적인 에칭 공정을 진행함으로써 절연층에 패턴을 형성해 줄 수 있었다. 하지만 절연층 자체가 빛에 반응하여 포토 공정으로 패턴을 만들어 줄 수 있으면 전체 공정이 많이 단순화된다. 그래서 PSPI 같은 빛에 반응하여 자체적으로 패턴을 만들어 줄 수 있는 절연 재료가 많이 개발되어 사용되고 있다.

공정 후 제거되는 부재료 성격의 포토 레지스트에 비해 절연 재료는 포토 공정 후에도 패키지의 구조물로 남아 있는 원재료로 패키지의 신뢰성과 전기 특성 등에 큰 영향을 준다. 따라서 절연 재료는 신뢰성 기준을 만족하면서 유전율이 낮아 전기적 특성도 좋아야 한다. 더불어 절연 재료를 위한 어닐링 등의 공정 온도는 반도체 소자 특성에 영향을 주지 않도록 250℃ 이하여야 한다.

15 **가교 결합(Cross Link)** : 고분자 사슬을 화학 결합을 통해 연결하는 화학 반응

16 **g-line/i-line** : 고압 수은(Hg) 램프의 방출 스펙트럼에서 파생되는 광원의 종류이다. G-line(436nm), i-line(356nm)

17 **스텝퍼(Stepper)** : 웨이퍼 노광을 위한 장비 중 하나. 웨이퍼 노광은 광원의 종류에 따라 정밀도에 맞춰 다양한 다른 장비를 사용해 진행한다.

11 도금 용액

도금 용액은 전해 도금에서 사용된다. 도금될 금속 이온(Metal Ion), 이온들이 용액 속에 녹아 있게 만드는 용매가 되는 산(Acid), 그리고 도금 용액 및 도금층의 특성을 강화하는 여러 첨가제(Additive)로 구성되어 있다. 전해 도금 공정으로 도금될 수 있는 금속들은 니켈(Ni), 금(Au), 구리(Cu), 주석(Sn), 주석 은 합금(SnAg) 등이 있다. 이들은 도금 용액 속에 이온 상태로 존재한다. 용매로는 황산($H2_SO_4$), 메탄술폰산(CH_4O_3S) 등이 주로 사용된다. 첨가제는 아래 〈그림 6-5〉와 같이 도금층의 표면을 평탄하게 만드는 레벨러(Leveler)[18], 도금 입자를 미세화시켜 주는 입자 미세제(Grain Refiner)[19] 등이 있다.

18 **레벨러(Leveler)** : 도금 용액의 첨가제 중 하나. 전자가 모이는 곳에 달라붙어 도금을 방해하고 성장을 억제하여 전체적으로 도금면을 평탄하게 만든다.

19 **입자 미세제(Grain Refiner)** : 도금 용액의 첨가제 중 하나. 도금 입자의 측면 성장을 억제하여 입자가 미세하게 성장하게 만든다.

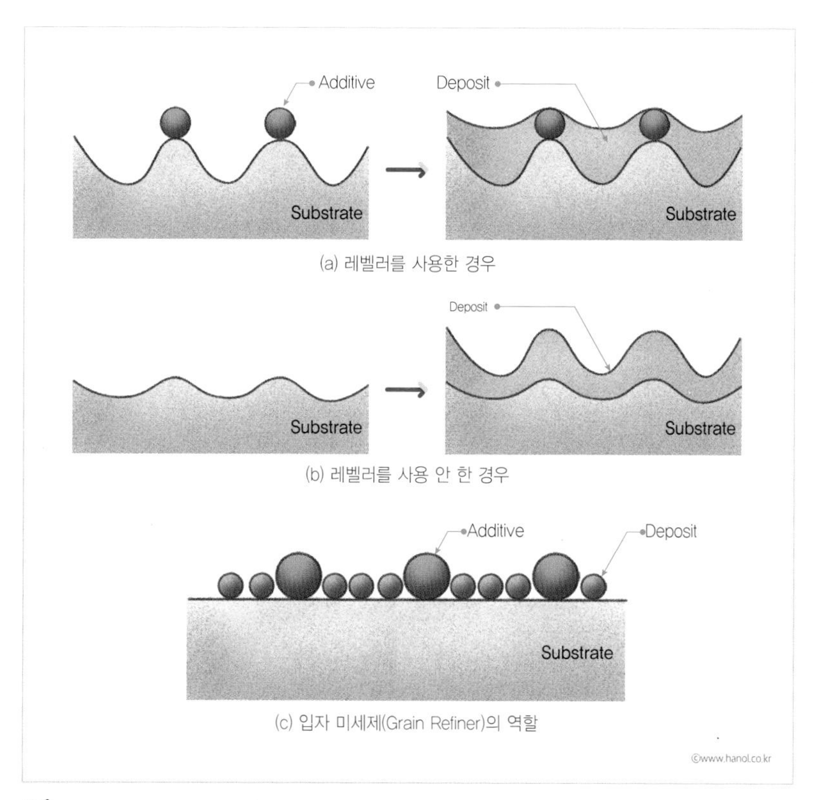

그림 6-5_ 도금 용액 첨가제의 역할

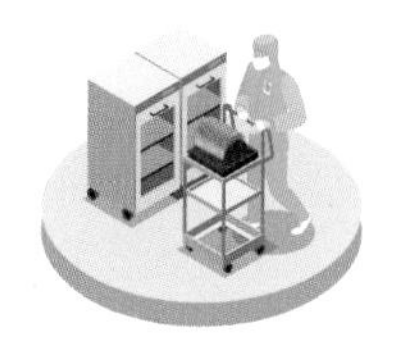

12 PR 스트리퍼

도금 공정이 완료되면 포토 레지스트를 제거해야 한다. 이때 사용하는 재료가 PR 스트리퍼(Stripper)이다. PR 스트리퍼는 포토 레지스트를 잔존물 없이 깨끗하게 제거하되, 웨이퍼에 대한 화학적 데미지(Damage)는 없어야 한다. 〈그림 6-6〉은 PR 제거 과정을 모식도로 나

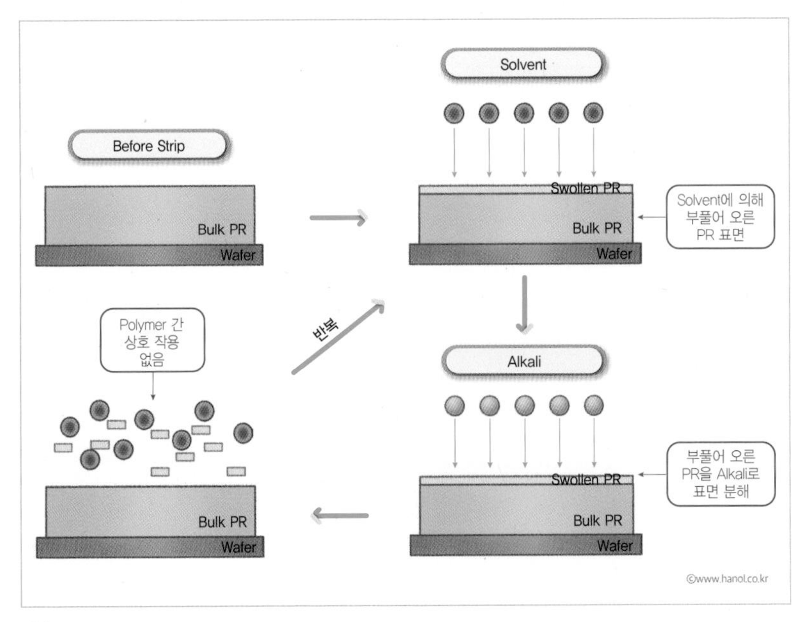

그림 6-6_ 스트리퍼의 PR 제거 과정

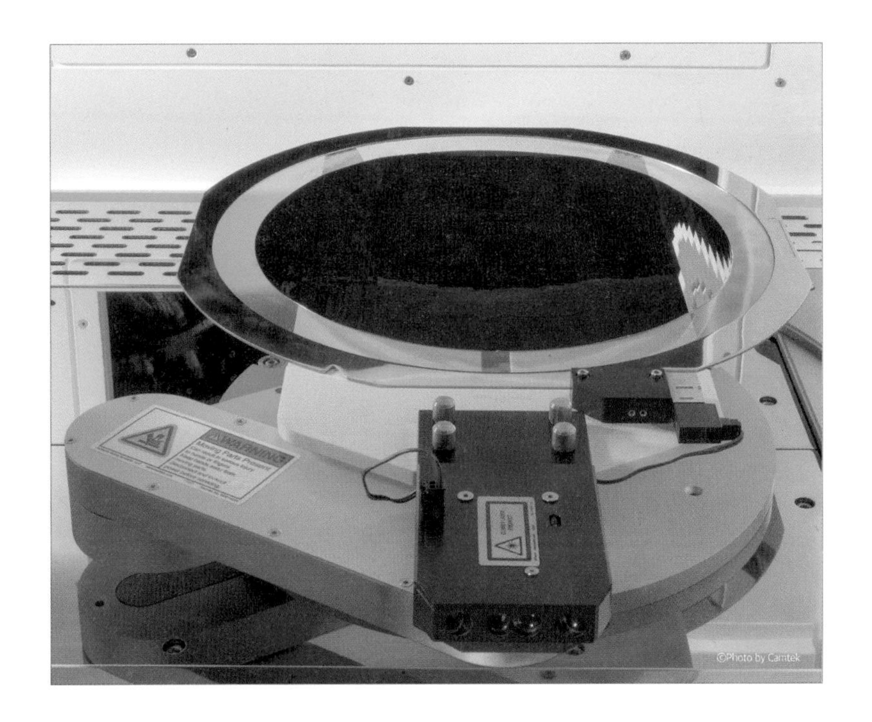

타낸 것이다. 스트리퍼 내의 솔벤트(Solvent)가 접촉되는 PR 표면에 반응하여 부풀어 오르게 하고(Swollen), 알칼리(Alkali)가 부풀어 오른 PR의 표면을 분해해서 용액 안으로 녹아 나오게 한다.

13 에천트

웨이퍼 레벨 공정에서 전해 도금을 위한 시드(Seed)층을 형성하기 위해서는 스퍼터링(Sputtering)[20] 공정 진행이 필요하다. 형성된 금속층은 도금 후에 PR을 벗겨낸 후 제거되어야 한다. 이때 금속을 녹여내기 위해 주로 산(Acid) 계열의 에천트(Etchant)를 사용한다.

아래 〈표 6-3〉에 에천트의 주요 성분과 역할을 정리했다. 에천트는 녹여내는 금속에 따라 구리(Cu) 에천트, 타이타늄(Ti) 에천트, 은(Au) 에천트 등이 있다. 에천트는 특정 금속만 선택적으로 녹이고 다른 금속은 녹이지 않거나 덜 녹이는 에치 선택비(Etch Selectivity)가 있어야 한다. 또한, 공정 효율을 위해서 에치 속도(Etch Rate)가 높은 것이 유리하며 금속을 녹일 때 웨이퍼 내 위치에 상관없이 균일하게 녹이는 공정 균일성(Uniformity)도 좋아야 한다.

[20] **스퍼터링(Sputtering)** : 고에너지 이온을 금속 타깃에 충돌시켜 떨어져 나온 금속 이온들이 웨이퍼 표면에 증착되게 하는 공정으로 PVD의 한 종류이다.

표 6-3_ 에천트의 주요 성분과 역할

구성 성분	역할(Functions)	재료(Material)
주 산화 성분 (Main Oxidation Agent)	• 금속의 산화	• 과산화수소(Hydrogen Peroxide)
부 산화 성분 (Sub Oxidation agent)	• 금속의 산화	• 무기산(Inorganic Acid)
킬레이트 성분 (Chelating Agent)	• 금속 킬레이트(Metal Chelate) 형성 • 금속 이온(Metal Ion) 안정화	• 아미노(Amino) 계열과 카복실(Carboxylic) 계열의 화합물
	• 금속 킬레이트(Metal Chelate) 형성 • 금속 이온(Metal Ion) 안정화 • pH 조절	• 유기산(Organic Acid)
억제제 (Inhibitor)	• 금속 에치(Etch) 억제 • 테이퍼 식각 프로파일(Tapered Etch Profile) 형성	• 복소환식 아미노산(Hetero-cyclic Amine Compound)
첨가제 (Additive)	• 에치 속도 유지 • 과산화 수소 안정 • 에치 잔존물 제거 촉진	• 특별한 첨가제

14 스퍼터 타깃

PVD[21] 중 스퍼터링 방식으로 금속 박막층을 웨이퍼에 형성할 때 스퍼터 타깃(Sputter Target)을 재료로 사용한다. 〈그림 6-7〉은 이 타깃이 제조되는 공정을 보여준다. 스퍼터링해야 할 금속층과 같은 조성의 원재료를 구해서 원기둥으로 만들고 단조, 압착, 열처리 공정을 한 후에 타깃 형태로 만든다.

그림 6-7_ 스퍼터 타깃 제조 공정

21 PVD(Physical Vapor Deposition) : 박막을 증착하는 공정은 2가지이다. 증착할 때 기체 상태가 고체 상태로 바뀌는 과정이 화학적 변화이면 CVD, 물리적으로 물질을 떼어내서 증착하는 방식이면 PVD이다.

15

언더필

언더필(Underfill)은 플립 칩(Flip Chip)같이 범프를 이용한 연결에서 서브스트레이트와 칩 사이 또는 칩과 칩 사이를 채워 접합부 신뢰성을 높이는 역할을 한다. 아래 〈표 6-4〉에는 언더필에 사용되는 재료의 종류와 이를 이용한 공정을 정리했다.

언더필은 범프를 이용한 본딩 후에 범프 사이를 채우는 공정(Post Filling)과 본딩 전에 미리 언더필 재료를 접합부에 붙이는 공정(Pre-application)으로 나뉜다. (Post Filling) 본딩 후 공정은 채우는 방법에 따라 다시 CUF(Capillary Underfill)와 MUF(Molded Underfill)로 분류한다. CUF는 칩 옆에서 캐필러리(Capillary)[22]로 언더필 재료를 분사하여 칩과 서브스트레이트 사이를 표면 장력으로 채우는 공정이다. MUF는 몰딩 시 EMC(Epoxy Molding Compound)[23] 재료가 언더필 기능도 함께 수행하여 공정을 단순화한다.

(Pre-application) 본딩 전에 언더필 재료를 적용하는 것은 칩 단위

22 **캐필러리(Capillary)** : 가느다란 모세관

23 **EMC(Epoxy Molding Compound)** : 열에 의해 3차원 연결 구조를 형성하는 열 경화성 에폭시 고분자 재료와 무기 실리카 재료를 혼합한 복합 재료

냐 웨이퍼 단위냐에 따라 다르다. 칩 단위의 경우 페이스트(Non-Conductive Paste, NCP)로 접합부를 채우느냐, 필름(Non-Conductive Film, NCF)으로 채우느냐에 따라 공정과 재료가 차이가 난다. 웨이퍼 단위로 언더필 재료를 적용할 때는 주로 필름 타입(NCF)을 사용한다.

언더필 재료는 플립 칩, TSV를 이용한 칩 적층 등에서 접합부의 신뢰성 확보를 위한 핵심 재료다. 따라서 충진성, 계면 접착력, 열팽창계수, 열전도도, 내열성 등 다양한 요구 조건을 만족시켜야 한다.

표 6-4_ 언더필 종류와 공정

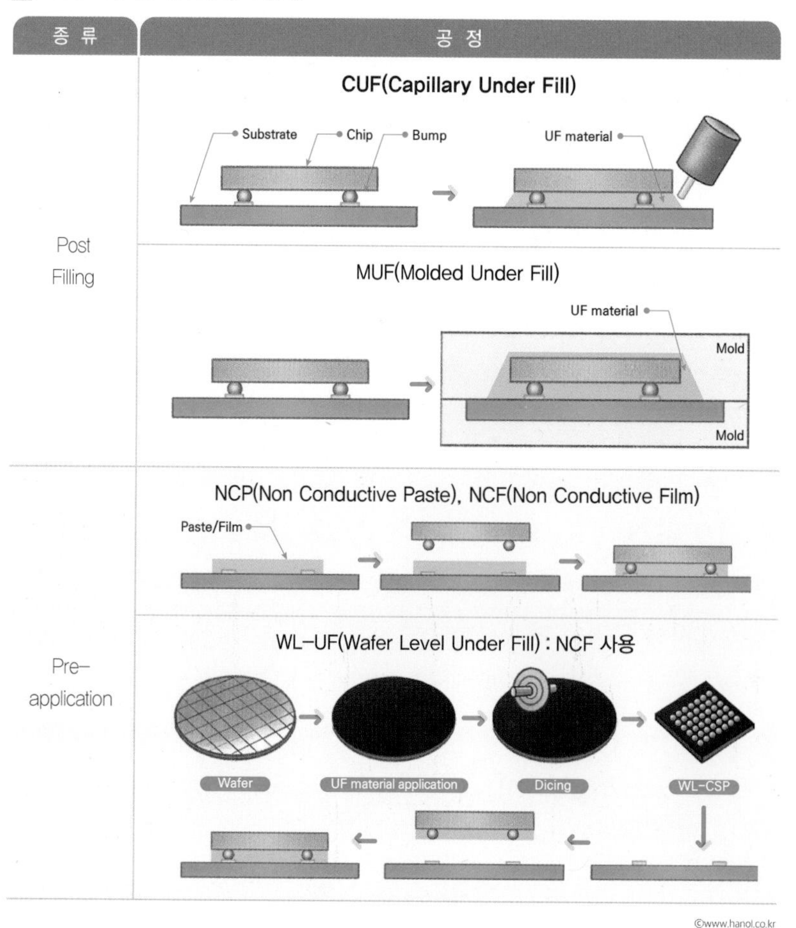

16

캐리어와 접착제, 마운팅 테이프

WSS(Wafer Support System) 공정을 위해서는 얇은 웨이퍼를 지지할 수 있는 캐리어(Carrier)와 접착제 역할을 하는 TBA(Temporary Bonding Adhesive)가 필요하다.

이 공정에서 핵심 재료는 TBA다. TSV 패키지를 만들 웨이퍼와 캐리어를 본딩했을 때, 웨이퍼의 범프 등에 손상을 주지 않으면서 백사이드 공정 중의 접합력은 강해야 한다. 그러므로 아웃개싱(Outgassing)[24], 보이드 트랩(Void Trap)[25], 박리(Delamination)도 없어야 하며 본딩 시에 웨이퍼 옆으로 접착제가 빠져나오는 블리드 아웃(Bleed Out) 현상 등도 없어야 한다. 이를 위해 열적 안정성과 내화학성은 필수다. 또한 캐리어를 떼어낼 때는 잔존물이 남지 않고 손쉽게 떨어져야 한다. 캐리어는 주로 실리콘(Si)이 선호되지만, 유리(Glass)도 많이 사용한다. 특히 디본딩 시 레이저 등의 빛을 사용해야 하는 공정에서는 반드시 유리를 사용한다.

24 **아웃개싱(Outgassing)** : 공정 중이나 제품 사용 중에 재료 내부에 있던 가스 성분이 나오는 것을 말하며, 이렇게 나온 가스가 구조 내부에 보이드(Void) 등의 불량을 만들기도 한다.

25 **보이드 트렙(Void Trap)** : 공정 중에 공기 등이 빠져나가지 못하거나 재료 내부에서 아웃 개싱 등으로 발생한 가스가 빠져나가지 못해서 구조 내부에 트랩되어 남아 있는 것을 말한다.

Chapter 07

반도체 테스트

1 반도체 테스트 개요

테스트 공정의 첫 번째 순서는 웨이퍼 테스트다. 그리고 패키지 공정으로 패키지를 만든 다음 그 패키지를 테스트하는 패키지 테스트순으로 진행한다

반도체 테스트의 가장 중요한 목적 중 하나는 불량 제품이 판매되지 않게 하는 것이다. 불량 제품이 고객에게 판매되면 고객의 신뢰가 감소해 매출이 떨어지며, 손해 배상 등의 금전적 손실 또한 발생할 수 있다. 때문에 철저한 전수 테스트(검사) 과정이 꼭 필요하다. 반도체 테스트는 제품의 다양한 특성에 맞춰 품질과 신뢰성을 확보할 수 있도록 다양한 항목을 테스트해야 한다. 하지만 이에 따라 테스트 시간 및 장비, 인력이 늘어나며 제조 비용까지 증가하기도 한다. 따라서 테스트 엔지니어들은 테스트 시간과 항목을 줄이기 위한 노력도 많이 하게 된다.

테스트는 테스트할 대상의 형태에 따라 웨이퍼 테스트, 패키지 테스트로 구별할 수 있지만, 테스트 항목에 대해서는 〈표 7-1〉과 같이 온도별 테스트, 속도별 테스트, 동작별 테스트 이렇게 3가지 형태로 구별할 수 있다.

온도별 테스트는 테스트 대상에 인가되는 온도가 기준이다. 고온 테

표 7-5_ 테스트 분류

온도별 테스트	속도별 테스트	동작별 테스트
고온 테스트 (Hot Test)	코어 테스트 (Core Test)	DC 테스트
저온 테스트 (Cold Test)	스피드 테스트 (Speed Test)	AC 테스트
상온 테스트 (Room Test)		기능 테스트 (Function Test)

스트는 제품의 스펙[1]에 있는 온도 범위에서 최대 온도보다 10% 이상의 온도를 인가한다. 저온 테스트는 최저 온도보다 10% 이하의 온도를, 상온 테스트는 보통 25℃ 온도를 인가한다. 반도체 제품이 실제 사용될 때는 다양한 온도의 환경에서 사용되기 때문에, 다양한 온도에서의 동작 여부와 온도 마진을 검증하기 위함이다. 메모리 반도체의 경우엔 보통 고온 시험은 85~90℃, 저온 시험은 -5~-40℃를 인가한다.

속도별 테스트는 코어 테스트와 스피드 테스트로 구별한다. 코어 테스트는 반도체 제품의 코어 동작, 즉 원래 목적하는 동작을 잘 수행하는지를 평가하는 테스트이다. 메모리 반도체 제품의 경우엔 정보를 저장하는 것이 역할이므로 정보를 저장하는 셀 영역에서 저장이 잘 되는지를 평가, 검증할 수 있는 여러 항목을 테스트한다. 스피드 테스트는 동작 속도를 평가하는 것으로 원하는 속도로 제품이 동작할 수 있는지를 평가한다. 반도체 제품에서 고속 동작이 많아지면서 이 테스트의 중요성이 커지고 있다.

동작별 테스트는 DC 테스트, AC 테스트, 기능 테스트 총 3개로 구별할 수 있다. DC 테스트는 전류를 DC로 인가하여 테스트의 결과가

1 **스펙(Spec)** : specification의 약자로 제품 사양, 즉 물품을 만들 때 필요한 설계 규정이나 제조 방법 규정, 원하는 특성 규정

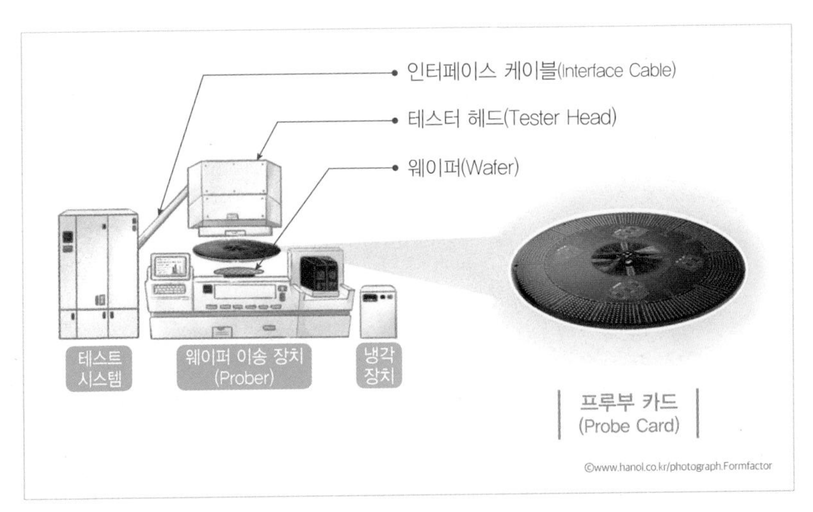

그림 7-8_ 웨이퍼 테스트 시스템 모식도

전류 또는 전압으로 나타날 수 있는 항목을 평가하는 테스트 항목이다. AC 테스트는 전류를 AC로 인가하여 AC 동작 특성, 예를 들어 제품의 입출력 스위칭 시간 등의 동적 특성을 평가한다. 기능 테스트는 제품의 각 기능을 동작시켜 정상 동작 여부를 확인하는 테스트이다. 예를 들어 메모리 반도체 제품의 경우에는 메모리 셀(Memory cell)의 정상 동작 여부와 메모리 주변 회로의 정상 동작 여부를 확인한다.

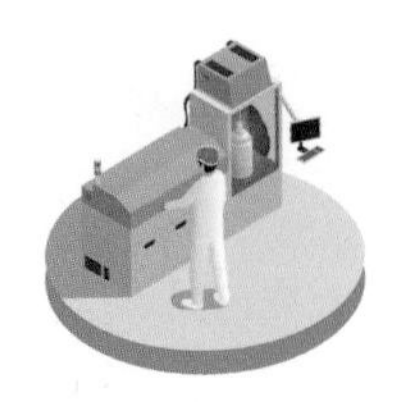

2

웨이퍼 테스트

웨이퍼 테스트는 테스트 대상이 웨이퍼다. 웨이퍼에는 수많은 칩들이 만들어져 있는데, 이 칩들의 특성과 품질을 웨이퍼 테스트를 통해서 확인하고 검증해야 한다. 이를 위해서는 테스트 장비와 칩을 연결해 칩에 전류와 신호를 인가해야 한다.

패키지가 완료된 제품들은 시스템에 연결하기 위해 솔더 볼 같은 핀(pin)들이 만들어져 있으므로 테스트 장비와 전기적 연결이 비교적 용이하다. 하지만 웨이퍼 형태의 경우에는 특별한 방법이 필요하다. 이 때문에 필요한 것이 프루브(Probe) 카드이다.

프루브 카드는 〈그림 7-1〉에서 볼 수 있듯이 웨이퍼의 패드와 물리적으로 접촉할 수 있도록 수많은 탐침[2]이 카드 위에 형성되어 있다. 그리고 탐침과 테스트 장비를 연결할 수 있는 배선이 카드 내에 만들어져 있다. 이 프루브 카드는 웨이퍼가 로딩되는 웨이퍼 이송 설비에서 웨이퍼와 접촉할 수 있도록 테스터 헤드 부분에 장착된다.

웨이퍼의 전면이 위를 보게 테스트 장비에 웨이퍼가 로딩되면 오른쪽의 프루브 카드가 뒤집어져서 탐침이 아래를 향하게 테스터 헤드에

2 **탐침** : 프루브 카드에서 웨이퍼의 패드와 전기적, 물리적 접촉을 하는 바늘 모양의 침

장착되고, 웨이퍼와 프루브 카드가 접촉할 수 있게 된다. 이때 온도 조절 장치는 테스트 온도 조건에 따라 온도를 인가할 수 있다. 테스트 시스템은 실제 프루브 카드를 통해서 전류와 신호를 인가하고 읽어서 테스트 결과를 얻을 수 있다.

프루브 카드는 테스트하고자 하는 칩의 패드 배열, 그리고 웨이퍼에서의 칩의 배열에 따라 그에 맞는 프루브 카드를 따로 제작해서 사용한다. 프루브 카드에서 탐침의 배열은 테스트하고자 하는 칩의 패드 배열과 같다. 그리고 칩의 배열에 따라 탐침의 배열은 반복된다. 그러나 한 번 접촉만으로는 웨이퍼의 모든 칩을 테스트하지는 못한다. 실제 양산에서는 2~3번의 접촉이 진행된다.

웨이퍼 테스트는 보통 'EPM(Electrical Parameter Monitoring) → 웨이퍼 번인(Wafer Burn in) → 테스트 → 리페어(Repair) → 테스트'순으로 진행한다. 각 항목에 대해서 설명하겠다.

EPM(Electrical Parameter Monitoring)

테스트의 목적은 불량 제품을 걸러내는 것도 있지만, 개발이나 양산 중인 제품의 결함을 피드백하여 개선하는 것도 있다. EPM은 불량을 걸러내는 것보다는 제품의 단위 소자의 전기적 특성을 평가·분석하여 웨이퍼 제작 공정에 피드백하는 것이 주 목적이다. 만들어진 웨이퍼가 본격적인 테스트를 하기 전에 설계 부서-소자 부서가 제시한 제품의 기본적인 특성을 만족하는지를 검사하는 과정으로 트랜지스터 특성, 접촉 저항 등을 전기적 방법으로 측정하는 공정이다. 테스트 관점으로는 소자의 전기적 특성을 활용하여 DC 인자(Parameter)를 추출하고 각 단위 소자의 특성을 모니터링할 수 있다.

웨이퍼 번인(Wafer Burn in)

〈그림 7-2〉는 제품 수명 동안의 불량률을 시간 함수로 표현한 것이다. 모양이 욕조 모양을 닮았다고 해서 욕조(Bath tub) 그래프라고도 불린다. 수명 초기에는 제품 제조상 불량 때문에 생기는 고장, 즉 초기 불량(Early failure)이 많다. 제조상에서 오는 불량이 사라지면 그 제품의 사용 수명 동안은 불량률이 낮아진다(Random failure). 그리고 그 제품이 수명이 다하면(Wear out) 다시 불량률이 높아진다. 만들어진 제품을 바로 고객에게 준다면 초기 불량 때문에 고객 불만이 높아지고, 반품 등의 이슈가 생길 가능성도 높다.

제품이 가지고 있는 잠재적인 불량을 유도하여 초기 불량을 미리 선별하기 위해 하는 것이 번인(Burn in)이다. 웨이퍼 번인은 온도와 전압

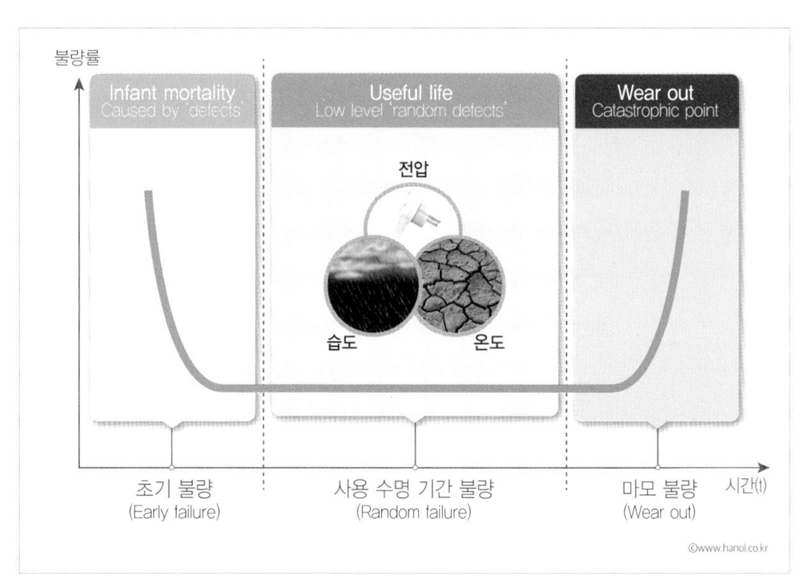

그림 7-9_ 제품 사용 시간에 따른 불량률

을 인가하여 웨이퍼 상태의 제품에 스트레스를 줌으로써 초기 불량 기간에 나타날 수 있는 불량이 모두 드러나게 만드는 것이다.

테스트

웨이퍼 번인(Wafer Burn in)으로 초기 불량을 도출한 웨이퍼는 프루브 카드로 웨이퍼 테스트를 실시한다. 웨이퍼 테스트는 웨이퍼 레벨에서 칩의 전기적 특성을 검사하는 공정이다. 불량 칩 사전 검출, 패키지/실장[주3]에서 생길 불량을 미리 선별해 웨이퍼 레벨 불량 원인 분석 및 제조 공정 피드백, 웨이퍼 레벨 분석(Wafer Level Verification)을 통한 소자 및 설계 피드백 등이 주요 목적이다.

웨이퍼 테스트에서 불량을 선별하게 되면 불량인 셀[주4]의 일부는 다음에 설명할 리페어(Repair)라는 과정을 통해 여분의 셀(Redundancy cell)로 대체할 수 있다. 리페어 공정 후에는 이렇게 대체된 셀이 제대로 역할을 하여 칩이 스펙을 만족하는 양품으로 판정할 수 있는지를 확인하기 위해 다시 한 번 웨이퍼 테스트를 진행하게 된다.

리페어(Repair)

리페어는 주로 메모리 반도체에서 수행하는 공정으로 불량 셀을 여분의 셀로 대체하는 리페어 알고리즘(Repair Algorithm)이 적용된다. 예를 들어, DRAM 256bit 메모리의 웨이퍼 테스트 결과 1bit가 불량이면 이 제품은 255bit가 된다. 하지만 여분의 셀이 불량인 셀을 대체하면, 다시 256bit를 만족시키고 고객에게 판매할 수 있는 양품이 된다. 리페어를 통해서 결국 수율이 증가하는 것이다. 이 때문에 메모리 반도체는 설계 시 여분의 셀을 만들어 테스트 결과에 따라 대체할 수 있게 한다. 하지만 불량을 대비한 여분의 셀을 만든다는 것은 그만큼 공간을 차지하고, 칩 크기를 키우는 것이다. 그 때문에 모든 불량을 대체할 수 있는 여분의 셀, 예를 들어 256bit 모두를 대체할 수 있는 여분의 256bit를 만드는 것은 불가능하다. 그래서 공정 능력을 고려하여 수율 증가 효과를 최대로 나타낼 수 있는 수준의 여분의 셀을 만든다. 즉, 공정 능력이 좋아서 불량이 적다면 여분의 셀을 적게 만들어도 되고, 공정 능력이 좋지 않아서 불량이 많을 것으로 예상된다면 여분의 셀을 더 만들게 되는 것이다.

리페어는 열(Column) 단위 리페어와 줄(Row) 단위 리페어로 나뉜다. 열에 여분의 열을 만들어 불량 셀이 있는 열을 여분의 열로 대체하는 것이 열 단위 리페어이고, 여분의 줄을 만들어 불량 셀이 있는 줄을 여분의 줄로 대체하는 것이 줄 단위 리페어다.

DRAM의 리페어 공정은 불량 셀이 있는 열이나 줄의 물리적 연결을 끊어 단선이 되게 하고, 여분의 셀이 있는 열이나 줄을 연결한다. 리페어는 레이저 리페어와 e-퓨즈 리페어가 있다. 레이저 리페어는 레이저로 배선을 태워서 불량 셀의 연결을 끊는다. 이를 위해선 외부에서 배선에 레이저를 쏠 수 있도록 배선이 노출되어야 한다. 그래서 웨이퍼의 패드 주변에 열이나 줄과 연결된 배선이 노출되도록 칩의 보호층(Passivation layer)이 벗겨진(Open) 영역을 만들어 놓고, 레이저 리페어를 한다. 레이저 리페어는 웨이퍼 테스트 공정에서만 가능하다. 왜냐하면 패키지 공정을 진행하고 나면 칩의 표면이 패키지 재료에 의해서 다 덮히기 때문이다. e-퓨즈 리페어는 배선에 높은 전압이나 전류를 인가하여 불량 셀의 연결을 끊는 것이다. 이 방법은 내부 회로에서 리페어되기 때문에 배선 노출을 위해 칩의 보호층을 벗긴 영역을 만들 필요가 없고, 웨이퍼 테스트 공정에서뿐만 아니라 패키지 테스트 공정에서도 리페어 작업이 가능하다.

3 **실장** : 보드나 시스템에 기계적, 전기적으로 붙여져서 조립되는 공정

4 **셀(Cell)** : 기억 소자 내에 정보(Data)를 저장하기 위해 필요한 최소한의 소자 집합 지칭. DRAM의 셀(Cell)은 1개의 트랜지스터(Transistor)와 1개의 커패시터(Capacitor)로 구성

3

패키지 테스트

웨이퍼 테스트에서 양품으로 판정된 칩은 패키지 공정을 진행하고, 완성된 패키지는 다시 한 번 패키지 테스트를 진행한다. 웨이퍼 테스트 시 양품이었던 것도 패키지 공정 중 불량이 발생할 수 있으므로 패키지 테스트는 꼭 필요하다. 웨이퍼 테스트는 동시에 여러 칩을 테스트하는 장비 성능의 한계로 원하는 항목을 충분히 테스트하지 못할 수도 있다. 반면에 패키지 테스트는 패키지 단위로 테스트하기 때문에 장비에 주는 부담이 적다. 따라서 원하는 테스트를 충분히 진행하여 제대로 된 양품을 선별할 수 있다.

패키지 테스트를 위해서 먼저 〈그림 7-3〉의 3번처럼 패키지의 핀(pin, 그림에서는 솔더 볼)이 아래쪽을 향하도록 패키지 테스트 소켓에 넣어 소켓에 있는 핀들과 물리적으로 접촉하게 한다. 그리고 이 패키지 테스트 소켓을 패키지 테스트 보드(Package Test Board)에 장착하여 패키지 테스트를 진행한다.

TDBI(Test During Burn In)

제품의 잠재 불량을 초기에 제거하기 위해 제품에 전압과 온도로 스트레스를 가하는 테스트가 번인(Burn in)인데, 패키지로 만든 후 실시

그림 7-10_ 패키지 테스트 시스템

하는 번인은 TDBI라고 부른다. 번인은 웨이퍼에서 할 수도 있고, 패키지에서 할 수도 있지만 대부분의 반도체 제품은 웨이퍼와 패키지에서 번인을 동시에 적용한다. 제품의 특성을 잘 파악했다면 번인 시간과 공정 수를 줄이는 조건을 찾아서 번인을 실시하는 것이 양산의 개념에서는 가장 효율적이다.

테스트

데이터 시트[5]에 정의된 동작이 사용자 환경에서 정상적으로 동작하는지 판단하는 공정이다. 온도 코너 테스트를 실시하여 제품에 AC/DC 인자 약점 및 Cell & Peri 영역에서 고객이 요구하는 동작이 스펙을 만족하는지 검증한다. 이때 데이터 시트 조건보다 좀 더 열악한 조건 및 최악의 동작 조건을 조합하여 테스트를 실시한다.

5 **데이터 시트(Data Sheet)** : 반도체 제품에서 보장할 수 있는 특성 정보를 정의한 규정서

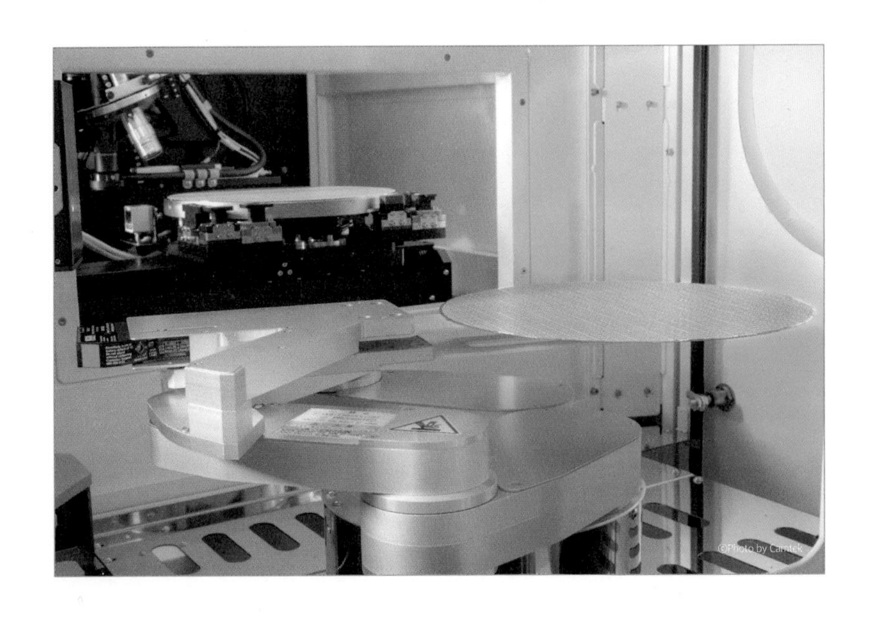

외관(Visual) 검사

테스트가 완료되면 테스트 결과, 특히 스피드 구분이 필요한 경우 스피드 특성을 패키지 외관에 기록해야 하는데 이 때문에 레이저 마킹(Marking)이 필요하다. 패키지 테스트가 완료된 후 마킹까지 진행했다면 패키지 트레이(tray)에 테스트 결과 양품인 패키지를 담으면 남은 단계는 고객 출하뿐이다. 그러므로 고객 출하 전에 최종적인 외관 검사를 실시하여 외관 불량도 선별해야 한다. 외관 검사 시 패키지 보디(Body)에서는 균열 / 마킹 오류 / 트레이에 잘못 담은 것 등을 선별하고, 솔더 볼에서는 볼 눌림, 볼이 없는 것 등을 선별한다.

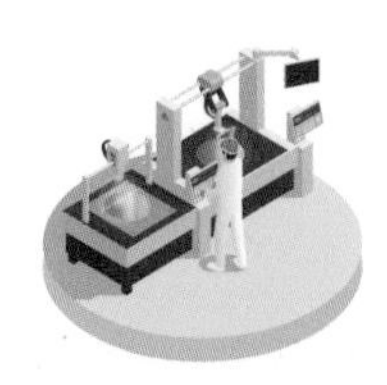

4

HBM 테스트

3장에서 설명할 HBM[6]은 패키지 관점에서는 최종 패키지가 아니고, 중간 단계의 패키지이다. 메모리 회사에서 제품을 만들어 로직 칩 회사에 납품하면 로직 칩 회사에서 패키지 업체에 의뢰하여 최종 패키지 형태인 2.5D SiP를 만들기 때문이다. 하지만 메모리 업체에서 HBM을 납품할 때는 충분한 테스트를 거쳐서 검증이 된 양품만을 납품해야 한다. 왜냐하면 여러 개의 HBM이 들어간 2.5D SiP를 만든 후에 패키지 테스트를 했을 때 단 한 개의 HBM 불량이 생기더라도 이를 재작업할 수 없어

6 **HBM(High Bandwidth Memory)** : 데이터를 전달하는 I/O 수가 1024개로 동시에 많은 양의 데이터를 로직 칩에 전달할 수 있는 메모리로 로직 칩과 함께 인터포저 위에 실장되어 2.5D SiP 형태로 구현되며, 인공 지능 가속기 등의 핵심 부품이다

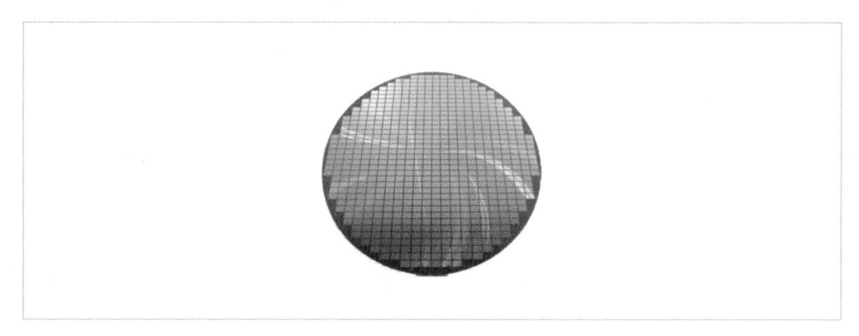

그림 7-11_ HBM이 만들어진 몰드 웨이퍼의 뒷면 사진, 앞면은 마이크로 범프들이 배열되어 있다.

서 나머지 HBM들과 로직 칩 모두를 버려야 하기 때문이다. 이 때문에 메모리 회사에서 납품하기 전에 HBM의 테스트가 정말 중요한데, HBM 자체가 최종 패키지 형태가 아니기 때문에 기존의 패키지 테스트 인프라를 활용하기 어렵다. 그래서 HBM은 〈그림 7-4〉와 같은 몰드 형태의 웨이퍼에 마이크로 범프들이 배열될 상태에서 웨이퍼 테스트 인프라인 프루브 카드를 사용해서 테스트해야 한다. 프루브 카드를 이용하지만, 테스트 항목은 패키지 테스트 항목들과 동일하게 진행하여 충분히 검증한 후에 양품만을 납품하게 된다. 하지만 고객 입장에서는 메모리사에서 HBM을 테스트하는 최종 테스트인 HBM 테스트 후에 〈그림 7-4〉와 같은 웨이퍼를 다시 HBM 단품으로 절단하는 추가 공정을 진행해야 하므로 HBM 테스트 후에 발생하는 불량에 대해서도 염려를 하였다. 이때 발생할 수 있는 불량은 HBM 단품 표면에 발생하는 물리적인 손상이므로 HBM을 고객에게 보내기 위한 포장을 하기 직전에 외부를 외관 검사하여 손상이 발생한 것을 걸러내는 추가 검사 공정이 필요하게 된다.

AI 시대에 대응하는
반도체 패키지와 테스트

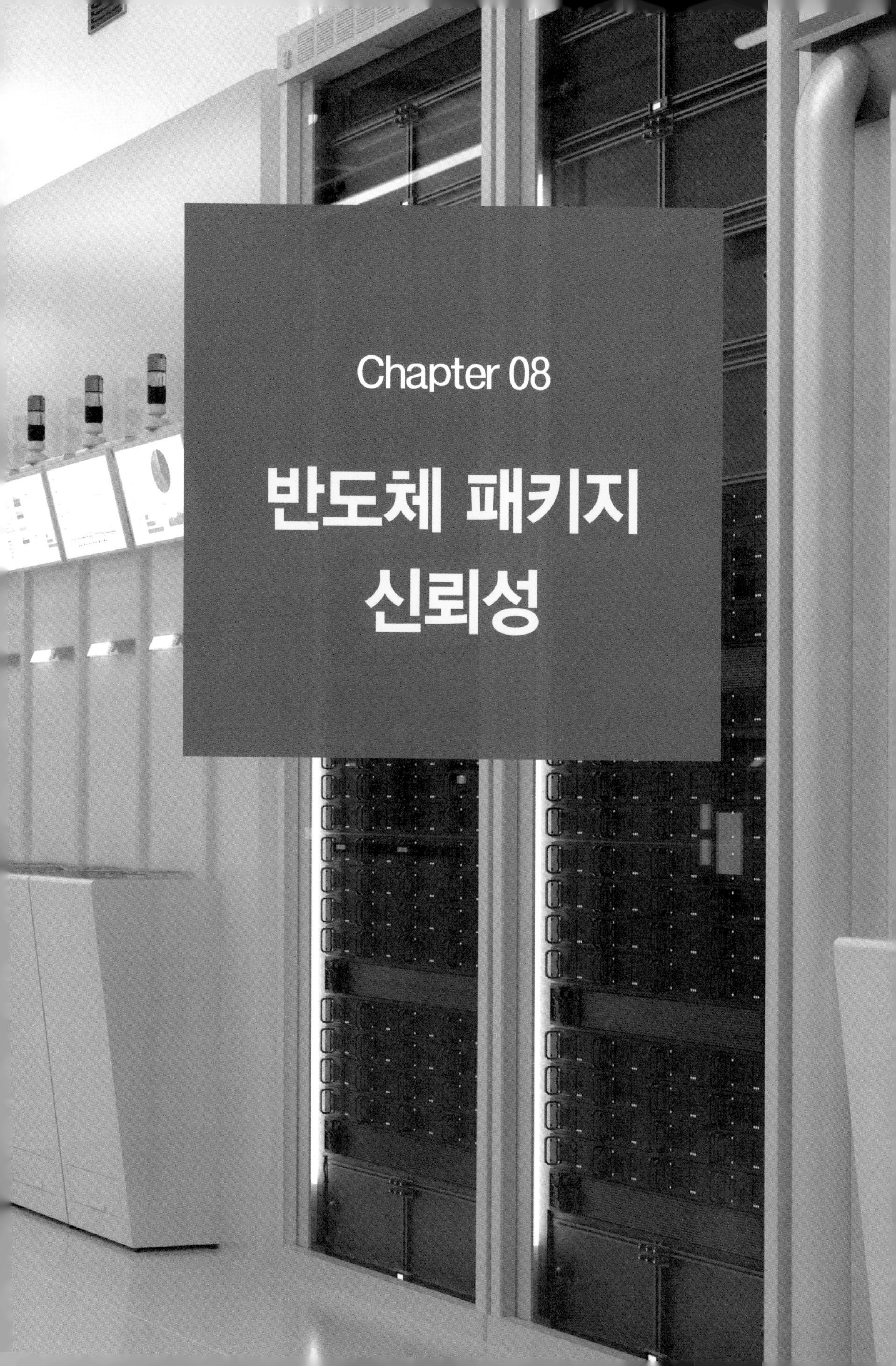

Chapter 08

반도체 패키지 신뢰성

1 신뢰성의 의미

'반도체의 품질'은 제품의 정해진 요구 기준과 특성 충족 여부에 따라 규정할 수 있다. 그리고 '반도체 신뢰성'은 이러한 충족된 품질이 보장된 기간 동안 기능을 잘 수행할 수 있는지를 나타내는 척도이다. 즉, 신뢰성은 제품의 시간적 안정성을 나타내는 개념으로, 제품의 품질을 고장 없이 일정 기간 유지해 고객 만족도를 확보하는 성질이다. 제품을 만들고 검사하는 도중 발생하는 불량은 결함(Defect)이라고 하고, 실제 사용 중 발생된 불량은 고장(Failure)이라고 정의한다. 결함이

표 8-1_ 품질과 신뢰성의 차이점

구 분	품 질	신뢰성
시간 개념	포함되지 않음	포함됨
관련 의미	제품 특성	제품 수명
대상 분야	공정 품질(현재)	시장 품질(미래)
적용 모델링	정규 분포	지수, 와이블, 대수 정규 분포
평가 척도	불량률	수명, 고장률, 신뢰도
구분 기준	양품/불량품	정상/고장

www.hanol.co.kr

많으면 품질이 나쁜 것이고, 고장이 기준보다 빨리 나거나 빈도가 많으면 신뢰성이 나쁜 것이다.

〈표 8-1〉은 품질(Quality)과 신뢰성(Reliability)의 의미와 차이점을 비교한 것이다. 신뢰성은 어떤 시스템이나 부품, 소재 등이 주어진 조건(사용, 환경 조건)에서 고장 없이 일정 기간(시간, 거리, 횟수) 동안 최초의 품질 및 성능을 유지하는 특성을 말한다. 신뢰성이 좋은 제품은 고장 없이 오래 쓸 수 있고, 소비자의 만족도를 높여 지속적인 구매력을 발휘할 수 있다. 그러므로 반도체 제품을 개발할 때는 양산에 앞서 업계에서 요구되는 품질과 신뢰성 기준을 확보했는지 평가해야 하고, 양산이 진행되고 있을 때도 주기적으로 품질과 신뢰성을 평가해야 한다.

신뢰성을 평가하기 위해 우선 신뢰성의 개념을 구체적으로 표현해야 한다. 예를 들면, 100개의 제품을 출하해서 3년 후에 몇 개가 동작하는가, 동작 시간에 대한 경향성은 어떠한가, 5년 후에 100개 중에 90개가 동작한다고 보증할 수 있는가, 100개 중 95개가 동작 가능한 시점은 언제인가 등으로 구체적으로 표현할 수 있다.

이를 검증하기 위해서는 실험이 필요하다. 3년 후, 5년 후의 신뢰성을 확인하는 경우, 실제 그 시간만큼의 실험을 수행한다면 좋겠지만 제품 개발 후 평가에만 수년의 시간을 소요한다면 그만큼 양산이 늦어지는 문제가 발생한다. 이 때문에 신뢰성 평가를 위해 가속 실험과 통계 기법을 활용한다. 그 밖에 신뢰도 함수, 수명 분포, 평균 수명 등을 이용해 비교적 짧은 시간 안에 검증을 마친다.

2

JEDEC 기준

반도체를 개발하고 생산하는 회사에서는 자신들의 제품에 대해 신뢰성을 평가하고, 그 결과를 고객에게 제공한다. 고객의 경우, 반도체 회사가 제공한 신뢰성 평가 결과를 가지고 자신들이 사용하기에 적당한지 검토하거나 자체적으로 다시 신뢰성 평가를 진행하기도 한다. 이런 상황에서 만약 반도체 회사와 고객사의 평가 기준이 서로 다르다면 이를 맞추기 위한 불필요한 과정이 발생한다. 그러므로 서로의 의견이 반영된 표준이 필요한데, 반도체 업계에서 가장 널리 사용되는 표준이 JEDEC 표준[1]이다.

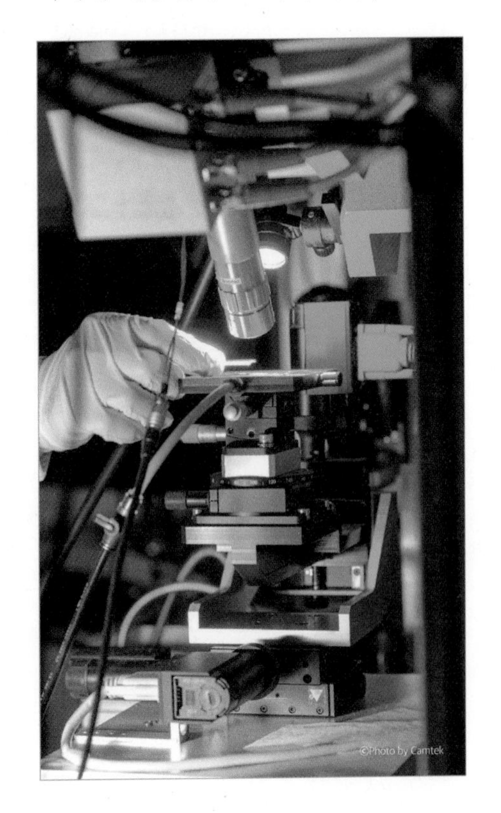
©Photo by Camtek

JEDEC은 1958년 생겨난

미국전자공업협회(Electronic Industries Alliance, EIA)의 하부 조직이다. 제조업체와 사용자 단체가 합동으로 집적 회로(IC) 등 전자 장치의 통일 규격을 심의, 책정하는 것이 주요 역할이다. 특히 JEDEC에서 책정하는 규격은 국제 표준이 되므로 JEDEC은 사실상 이 분야의 국제 표준화 기구로 통한다.

JEDEC 내에는 정책(Policy)과 절차(Procedures)를 결정하고, JEDEC 표준의 최종 승인을 결정하는 BoD(Board of Directors)라는 조직이 있으며, 영역별 표준을 정하는 여러 개의 위원회(JEDEC Committees, JC)가 있다. 가장 먼저, 신뢰성 관련 표준을 정하는 위원회는 'JC14(Quality and Reliability of Solid State Products)'이다. 그 밖에 모듈(Module)과 반도체 패키지 외관(Outline) 관련 표준을 정하는 'JC11(Mechanical Standardization)', D램 단품 관련 표준을 정하는 'JC4(2Solid State Memories)', 모바일(Mobile) MCP(Multi Chip Package) 관련 표준을 정하는 'JC63(Multiple Chip Packages)' 등의 위원회가 있다. 각 위원회에는 해당 분야의 회사들이 회원으로 참여하는데, 표준을 정할 제품이 있으면 의견이 있는 회사에서 표준안을 제안해 회원들에게 공유하고, 위원회에서 투표로 해당 제품의 표준 적용 여부를 결정한다. 이때 투표는 회사 규모와 상관없이 한 회사당 한 표의 투표권을 갖게 된다. 위원회에서 투표로 통과된 제안은 BoD에서 다시 투표로 결정하고, BoD에서도 통과된 제안은 최종적으로 JEDEC 표준으로 업계에 공지(Standard Publication)된다.

1 **JEDEC 표준** : 국제반도체표준협의기구(Joint Electron Device Engineering Council, JEDEC)에서 정한 표준

3

수명 신뢰성 시험

다음은 반도체 제품 자체의 수명을 평가하는 항목들이다.

EFR(Early Failure Rate)

EFR 항목은 초기 불량의 수준을 평가하는 항목이다. 초기의 기준은 고객 환경에서 약 1년으로 설정된다. 일부 제품군의 경우 시스템의 수명(Lifetime)을 고려해 6개월로 적용하기도 하며, 고신뢰성을 요구하는 제품의 경우 1년 이상으로 설정하기도 한다. 제품의 초기 불량은 번인(Burn-In)[2]을 통해 단기간에 불량이 발생할 가능성이 있는 제품을 선별(Screen)하고, 이렇게 선별된 제품의 잠재 불량률이 적정한 수준을 유지하는지 EFR을 통해 검증한다.(〈그림 8-1〉 참고) 평가용 장비는 HTOL(High Temperature Operating Life) 항목과 동일한 TDBI(Test During Burn-In) 장비를 사용하며, 적절한 반도체 제품의 온도와 전압에 대한 가속 인자(Acceleration Factor)를 이용해 조건을 설정하고 평가한다.

또한 EFR은 번인의 선별 능력을 모니터링하는 도구로도 활용된다. 안정적인 상태의 번인 공정을 통해 제조 라인의 공정 변동 및 이상 발생을 적절하게 선별하고 있는지 모니터링할 수 있다.

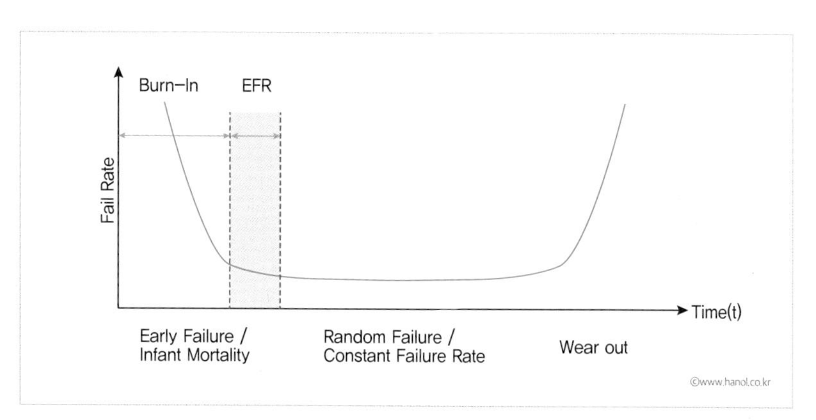

그림 8-1_ 신뢰성 곡선(Bathtub curve) 중 EFR 보증 구간

HTOL(High Temperature Operating Life Test)

HTOL 항목은 대표적인 제품의 수명 평가 항목이다. 제품이 실제 동작할 때 온도 및 전압으로 스트레스를 주면서 발생하는 문제를 검토하는 방법이다. 초기 고장뿐 아니라 우발 고장 및 마모 고장 등 전 영역에 걸쳐 종합적 검증이 가능하다.

LTOL(Low Temperature Operating Life Test)

LTOL 항목은 핫 캐리어(Hot Carrier)[3] 영향에 따른 제품 불량 발생 가능성 평가를 하는 항목이다. 하지만 전압 및 온도가 인가되므로 기타 다른 불량이 발생할 가능성도 있다.

2 **번인(Burn-In)** : 고온에서 소자의 특성을 평가하는 테스트 항목

3 **핫 캐리어(Hot Carrier)** : 숏 채널 효과(Short Channel Effect) 중 하나로, 반도체 트랜지스터에서 발생하는 현상이다. 트랜지스터의 사이즈가 작아지면서 채널의 길이도 짧아지는데, 이 경우 전계는 커지게 되고 이동하는 전자는 높은 전계를 받아 지나치게 이동성이 커진다. 이러한 전자를 핫 캐리어(Hot carrier)라고 한다.

HTSL(High Temperature Storage Life)

HTSL 항목은 제품의 고온 방치 환경에서 신뢰성을 평가하는 항목이다. 고온 방치 환경은 확산(Diffusion), 산화(Oxidation), 금속 간 성장(Intermetallic Growth) 및 패키지 물질의 화학적 열화(Chemical Degradation)의 영향으로 제품의 수명에 영향을 줄 수 있다.

내구성(Endurance)

내구성(Endurance)은 낸드 플래시 메모리 등 제품의 쓰기(Program) 및 지우기(Erase) 동작에 대한 주기적(Cycling) 한계 특성을 평가한다. 즉, 최대 몇 회까지 견딜 수 있는지를 보는 항목이다.

데이터 보존(Data Retention)

데이터 보존은 낸드 플래시 메모리의 주요 신뢰성 요소로 쓰여진 정보(Data)가 사라지지 않고 유지되는 특성이다. 셀(Cell) 내에 저장된 정보가 전원의 공급이 없더라도 일정 시간 유지되는 특성을 평가한다.

4 환경 신뢰성 시험

프리컨디셔닝(Preconditioning)

제품 출하 후 이동 및 보관 과정을 거쳐 고객의 생산 과정 중에 발생할 수 있는 문제에 대한 평가 항목이다. 이 과정 중 흡습 및 열적 스트레스로 인해 신뢰성 내성이 발생할 수 있기 때문이다.

프리컨디셔닝은 제품을 판매해 고객에게 운송된 후, 진공 포장을 개봉해 시스템에 부착(Mount)되는 순서와 유사한 조건으로 시뮬레이션해 흡습 상태의 패키지 신뢰성을 평가하며, THB(Temperature Humidity Bias), HAST(Highly Accelerated Stress Test), TC(Thermal Cycle) 등 환경 신뢰성 시험의 전처리 조건으로 적용된다.

해당 시험의 평가는 'TC(Thermal Cycling) → 건조(Bake) → 침지(Soak) → 리플로우(Reflow)' 순서로 진행한다. 〈그림 8-2〉는 제품 생산 후에 포장, 운송 과정, 시스템의 부착 등의 사용자 사용 순서와 프리컨디셔닝 평가의 시뮬레이션 연관성을 나타낸 것이다.

TC(Thermal Cycle)

TC(Thermal Cycle, 열 주기) 시험은 사용자의 여러 사용 환경 중 순간

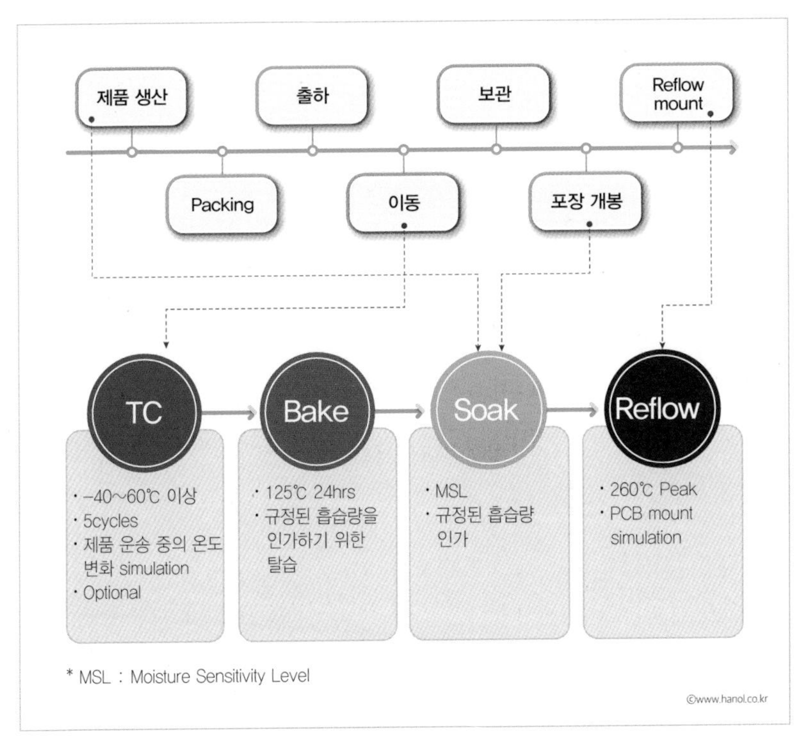

그림 8-2_ 제품 생산, 운송 과정, 사용 방법과 프리컨디셔닝 시험 조건과의 관계

적인 온도 변화에 의한 제품의 내성을 시험하는 항목이다. 패키지 및 모듈은 많은 종류의 서로 다른 재료가 결합해 구성된다. 이 재료들은 열팽창 계수인 CTE(Coefficient of Thermal Expansion)가 서로 다르기 때문에 열적 변화에 따른 수축과 팽창의 스트레스 피로(Stress Fatigue)로 인해 불량이 발생할 수 있다.

TC는 온도 변화에 따른 반도체 패키지의 스트레스 내성을 측정하는 것이 기본 목적이나 고온과 저온의 온도 스트레스로 다른 유형의 여러 불량이 발생할 수도 있다. 장기간의 열 충격은 패키지 각 재료의 응력, 열 팽창력 및 기타 요인에 의한 계면 간 박리(Delamination), 내외부 패키지 균열(Crack), 칩 균열 등을 검증하는 데 효과적이다. 또한 제품 친환경 규제로 인한 납(Pb)과 같은 유해 물질의 사용 제한과 휴대용 모바일 기기와 같은 애플리케이션의 확대로 인해 솔더 접합부(Solder Joint)의 중요성이 증가하고 있는데, TC는 솔더 접합부의 신뢰성을 평가할 수 있는 좋은 검사 방법이다.

THS(Temperature Humidity Storage)

THS 시험 항목은 고온·고습에 대한 반도체 제품의 내성을 평가한다. 실사용 환경을 고려해 방습 포장 개봉 후 흡습이 되는 양을 측정하여 방치 시간을 결정하는 것이 바람직하다.

THB(Temperature Humidity Bias)

THB 시험 항목은 제품에 전기적 바이어스(Electric Bias)를 인가한 상태에서 내습성을 평가한다. 주로 발생하는 불량은 알루미늄(Al) 부식 관련 불량이다. 하지만 온도에 대한 스트레스로 인해 기타 불량이 발생할 가능성도 많다. 해당 시험 역시 패키지 신뢰성 문제를 검출하기에 효과적인데, 예를 들면, 리드(Lead)와 리드 간 미세 틈(Micro Gap), 몰드(Mold) 기공을 통한 습기 침투에 의한 패드 금속 부식, 보호막에 생긴 구멍 또는 기공으로 침투한 습기에 의한 불량을 검출할 수 있다.

PCT(Pressure Cooker Test)

PCT는 THS 및 THB보다 더욱 가혹한 시험으로 습기에 의한 내성을 조기 평가하기에 적합한 시험이며, 오토클레이브(Autoclave)[4]라고도 한다. 이는 플라스틱 몰드 화합물(Plastic Mold Compound)의 내습성

4 **오토클레이브(Autoclave)** : 오토클레이브는 일종의 고압 솥 장비다. 수분을 넣고 밀폐한 후 온도를 올리면 수분이 증발되면서 압력과 습도를 높여 오토클레이브 안에 있는 시편에 필요한 조건을 만든다.

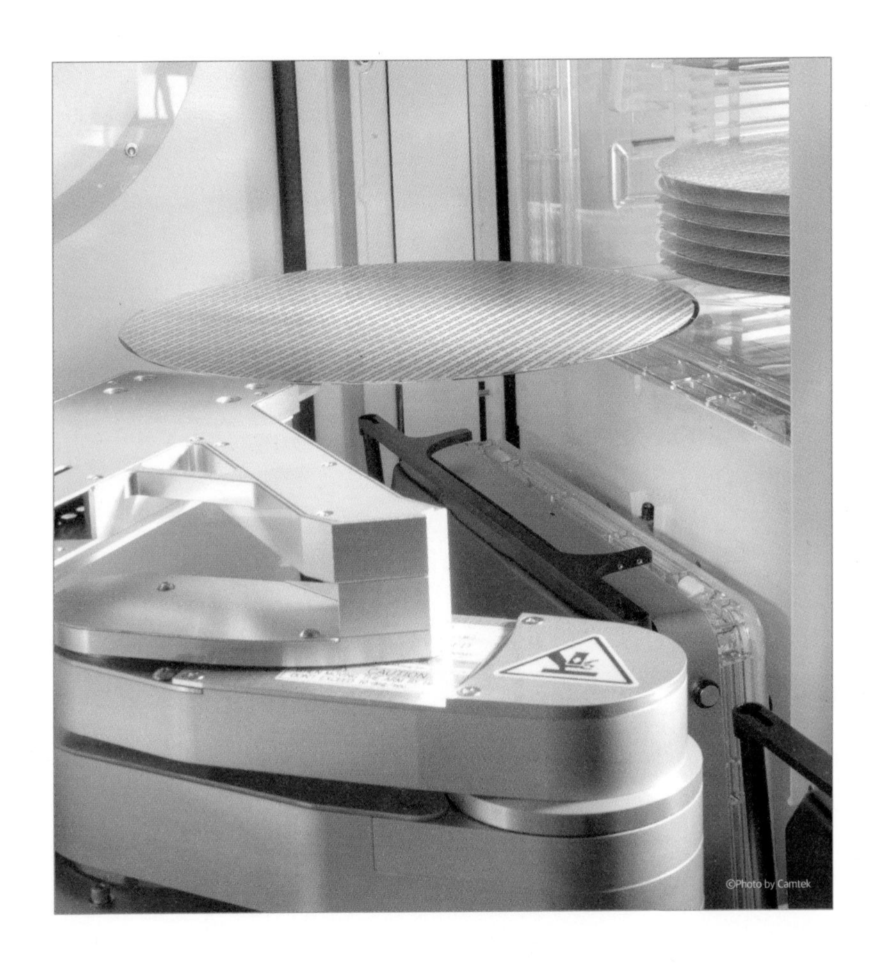

평가로 상대 습도 100%와 고압을 이용해 습기를 침투시켜 몰드 구조의 신뢰성을 평가한다. 또한 리드와 리드 간 미세 틈, 몰드 기공을 통한 습기 침투에 의한 불량을 검출할 수 있다.

PCT도 TS와 같이 예전의 두꺼운 반도체 패키지에서는 반드시 필요한 신뢰성 항목이었다. 하지만 최근 국제 동향 및 JEDEC에서는 현재의 패키지에 대해서는 스트레스의 크기가 너무 크다고 판단하고 있으며, 패키지 종류에 따라 선별적으로 평가에 적용하고 있다. 리드프레임 타입에서는 PCT를 평가하고 있으며, 서브스트레이트 타입 제품은 UHAST로 스트레스 크기를 줄여 평가하고 있다.

UHAST(Unbiased Highly Accelerated Stress Test)

UHAST는 FBGA와 같은 서브스트레이트 타입의 얇은 패키지에 PCT와 유사한 스트레스를 인가해 신뢰성을 평가한다. 해당 항목의 검출 능력이나 불량 양상은 PCT와 유사하며, PCT의 포화 가습 100% RH(Relative Humidity, 상대습도)로 인한 스트레스를 고객 현장 사용 환경과 유사하게 설정해 불포화 가습 조건(85% RH)으로 평가를 진행한다. 주로 갈바닉(Galvanic)[5] 또는 직접적인 화학 부식(Direct Chemical Corrosion) 등을 평가하는 데 사용된다.

HAST(Highly Accelerated Stress Test)

HAST는 습기 환경에서 동작하는 밀폐되지 않는(Non-Hermetic) 패키지의 신뢰성을 평가하는 데 사용된다. 평가 방법은 THB와 동일하게 핀(Pin)별 정적 바이어스(Static Bias)를 인가한 상태에서 온도, 습도, 압력 스트레스를 가한다.

HALT(Highly Accelerated Life Test)

HALT는 초가속 수명 시험으로 제품의 설계 단계에서 결함을 찾아 개선할 수 있게 한 가혹 시험의 일종이다. 비교적 짧은 시간에 시험할 수 있다는 특징이 있다.

5 **갈바닉(Galvanic)** : 갈바닉 부식을 의미하며, 전해질 내에 두 개의 다른 금속이 서로 접촉될 경우 전위차가 발생되며 이것에 의해 금속 간에 전류가 흐르게 되는데, 그 결과 내식성이 큰 금속(음극)의 부식은 억제되고 활성이 큰 금속(양극)의 부식이 촉진되는 현상을 말한다.

5

기계적 신뢰성 시험

반도체 제품은 취급, 저장, 운송 및 운용 중에 기계적 요소, 기후적 요소 및 전기적 요소에 의해 환경 부하를 받게 되며, 이러한 환경 부하는 장비의 설계 신뢰성에 큰 영향을 미친다. 이 때문에 새롭게 개발하거나 양산 중인 제품에 대해 평가를 실시해 이상 유무를 확인할 수 있다. 이 중 물리적인 스트레스에 해당하는 진동, 충격, 낙하 등과 같은 조건을 설정해 평가에 적용할 수 있다.

©Photo by Camtek

충격(Shock)

취급 및 이동 중 발생할 수 있는 충격 시뮬레이션에 대한 내성을 평가하는 항목이다. 평가용 샘플을 고정한 상태에서 해머(Hammer)를 이용해 충격을 가하는 방법과 제품을 자유 낙하해 충격을 가하는 낙하 시험(Drop Test) 등이 있다. 시험 방법은 해머의 힘과 펄스(Pulse), 그리고 시험 횟수로 정의할 수 있다. 낙하 시험의 경우, 실제 사용자의 작업 환경을 고려해 1~1.2m 정도의 높이에서 자유 낙하를 평가한다.

진동(Vibration)

제품의 운송 중에 발생할 수 있는 진동에 대한 제품의 내성을 평가하는 항목으로, JEDEC 기준에 근거하여 주로 사인 진동(Sine Vibration)[6] 시험을 진행한다.

구부림(Bending)

PCB의 휨 또는 구부러짐에 의한 솔더 접합부 결손을 평가하는 항목이다.

비틀림(Torsion)

비틀림에 의한 스트레스로 PCB 기판에 발생하는 솔더 접합부 및 제품 휨 불량에 대한 내성을 평가하는 항목이다. 트위스트(twist) 또는 토크 시험(Torque Test)이라고도 한다.

6 **사인 진동(Sine Vibration)** : 시간에 따라 주파수가 변하는 진동

AI 시대에 대응하는
반도체 패키지와 테스트

초판 1쇄 인쇄 2024년 10월 20일
초판 1쇄 발행 2024년 10월 25일

저 자 서 민 석
펴 낸 이 임 순 재
펴 낸 곳 (주)한올출판사
등 록 제11-403호
주 소 서울시 마포구 모래내로 83(성산동 한올빌딩 3층)
전 화 (02) 376-4298(대표)
팩 스 (02) 302-8073
홈페이지 www.hanol.co.kr
e-메일 hanol@hanol.co.kr
ISBN 979-11-6647-501-6

AI 시대에 대응하는
반도체 패키지와 테스트

AI 시대에 대응하는
반도체 패키지와 테스트

AI 시대에 대응하는
반도체 패키지와 테스트